冶金工业出版社

普通高等教育“十四五”规划教材

冶金原理学习指导与习题解析

权变利　王　芹　主　编
陈朝轶　金会心　副主编

北　京
冶　金　工　业　出　版　社
2022

内 容 提 要

冶金原理是冶金工程专业中一门非常重要且较难学习的课程。本书为冶金原理课程的辅导教材，包含了该课程的“知识梳理”“基本要求及主要内容”“例题分析”和“测试题”四大部分，对冶金原理教学过程中常见的习题进行解答，在文字上力求准确精练，强调分析问题和解决问题的思路、方法和技巧。

本书内容丰富，书中例题具有代表性且涵盖面广，以务实与应用为目的，既可作为高校冶金工程专业学生的学习指导和参考书，也可作为报考硕士研究生复习参考书，对于从事冶金工程相关工作的工程人员也有一定的参考价值。

图书在版编目(CIP)数据

冶金原理学习指导与习题解析/权变利，王芹主编. —北京：冶金工业出版社，2022.6

普通高等教育“十四五”规划教材

ISBN 978-7-5024-9153-6

Ⅰ.①冶… Ⅱ.①权… ②王… Ⅲ.①冶金—高等学校—教学参考资料 Ⅳ.①TF01

中国版本图书馆 CIP 数据核字（2022）第 078080 号

冶金原理学习指导与习题解析

出版发行 冶金工业出版社 **电　　话** (010)64027926
地　　址 北京市东城区嵩祝院北巷 39 号 **邮　　编** 100009
网　　址 www.mip1953.com **电子信箱** service@mip1953.com

责任编辑 姜恺宁 美术编辑 彭子赫 版式设计 郑小利
责任校对 梁江凤 责任印制 李玉山
北京印刷集团有限责任公司印刷
2022 年 6 月第 1 版，2022 年 6 月第 1 次印刷
787mm×1092mm 1/16；5.75 印张；136 千字；83 页
定价 32.00 元

投稿电话 (010)64027932 投稿信箱 tougao@cnmip.com.cn
营销中心电话 (010)64044283
冶金工业出版社天猫旗舰店 yjgycbs.tmall.com
(本书如有印装质量问题，本社营销中心负责退换)

前　言

做冶金原理习题，不仅是学好冶金原理课程的基本保证，还是培养分析、解决实际问题能力的一个很重要的实践环节。通过习题解答，学生可加深对课程中基本概念、基本理论和基本计算方法的理解、掌握和运用。多年来，在冶金原理课程的学习中，普遍存在着课程内容多、授课学时少、课堂上例题讲得少、学生课下习题不会做的问题。为解决这一突出问题，作者力图编著一本有利于学生自学的《冶金原理学习指导与习题解析》，以使学生通过课下自学，学会如何解答冶金原理习题及解决实际冶金问题，从而弥补课堂上例题演示少的不足。

在十几年的冶金原理课程的教学过程中，教材几经变化。每换一次教材，作者都要对教材中的习题预先解答一遍，并形成包括解答步骤和计算过程在内的“标准答案”，以备批改作业和辅导答疑时参考。此外，在考研辅导过程中还自拟和搜集了大量的试题，也都统统做了解答，并积累多册笔记。如今，在以往集腋成裘的基础上，将多年积累的习题解答手稿选择性地整理成书。

本书解题思路清晰，原理明确，方法多样，逻辑性强，过程详细，步骤连贯，计算精准，答案准确。本书对于每一道习题，不仅重视解题的结果，更重视解题的过程，所以非常适合自学。本书编写过程中参考了相关文献，并将其列于书后，在此向文献作者表示衷心感谢。

本书精选了冶金原理教材中各章节的典型习题作为例题进行解答，主要内容侧重于火法冶金和湿法冶金，涵盖了冶金熔体的结构、物理性质、化学性质及热力学性质；冶金热力学中的冶金相图、化合物的生成-分解、热力学平衡图、还原过程、高温分离提纯；冶金动力学中的反应动力学和电解过程动力学等内容。权变利、王芹、陈朝轶、金会心负责本书的整体思路和章节规划，权变利、王芹主要负责撰写各章的主要内容。

由于作者水平所限，书中不妥之处，恳请读者批评指正。

作　者

2021 年 12 月

目　录

第一篇　冶金熔体

第二篇　冶金过程的热力学基础

第三篇 冶金过程动力学基础

第一篇　冶 金 熔 体

知识梳理

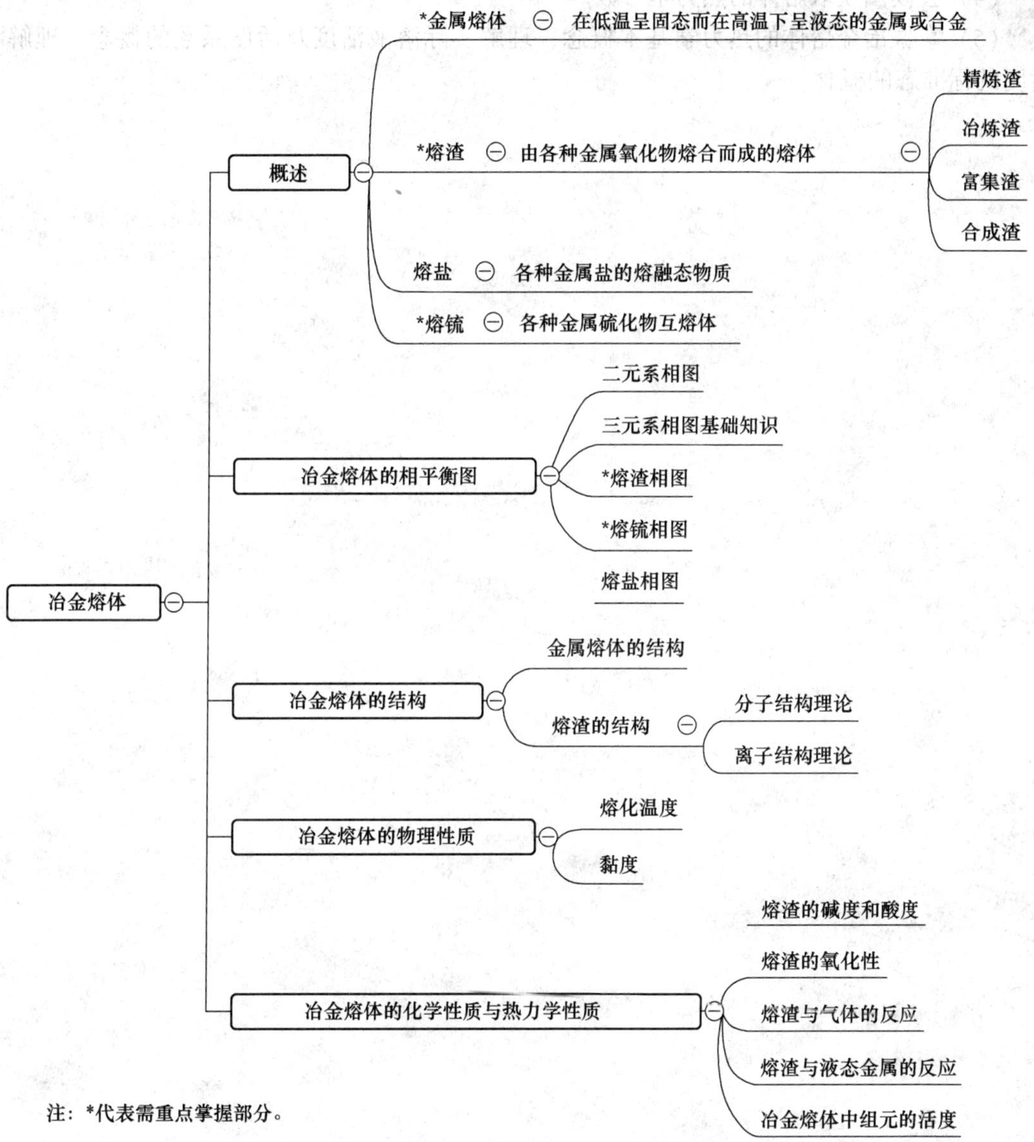

注：*代表需重点掌握部分。

总 体 要 求

（1）了解各种冶金熔体的结构理论，特别是对于冶金炉渣，要求会应用所学的理论解释相关现象。

（2）了解冶金熔体的物理化学性质及其变化规律，能够使用公式进行简单的计算，以及正确的查阅相图有关参数。

（3）掌握熔渣的酸碱性、氧化性的表示方法，会用来初步分析问题；了解熔渣与金属间的反应。

（4）会读图获取熔体的热力学参数。

（5）掌握冶金熔体的热力学基本概念，理解实际溶液活度及活度系数的概念，理解活度的标准态的概念。

1 概述

1.1 知识梳理

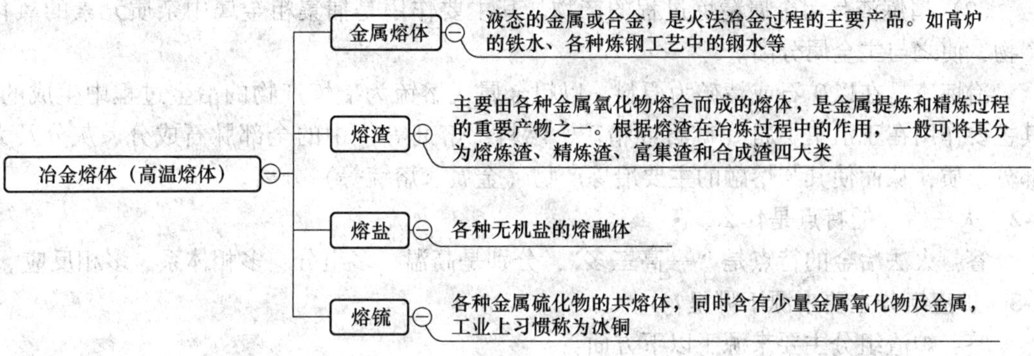

1.2 基本要求及主要内容

1.2.1 基本要求

（1）弄清冶金熔体的基本概念，包括金属熔体、熔渣、熔盐、熔锍四种。

（2）明确金属熔体、熔渣、熔盐、熔锍之间的区别，特别是金属熔体、熔渣的概念及其主要构成。（重点）

1.2.2 主要内容

（1）高温熔体：即冶金熔体，在低温下呈固态，高温下呈液态的熔融产物或中间产品。按照组成熔体的主要成分不同，一般将冶金熔体分为四种类型：金属熔体、熔渣、熔锍、熔盐。

（2）金属熔体：是指液态的金属或合金，是火法冶金过程的主要产品。如高炉的铁水、各种炼钢工艺中的钢水、火法冶金中的粗铜液、铝电解中的铝液等。

（3）熔渣：是指主要由各种金属氧化物熔合而成的熔体，是金属提炼和精炼过程的重要产物之一，在冶炼过程中起着非常重要的作用。根据熔渣在冶炼过程中的作用，一般可将其分为熔炼渣、精炼渣、富集渣和合成渣四大类。

（4）熔锍：是各种金属硫化物的共熔体，同时含有少量金属氧化物及金属，工业上习惯称为冰铜。

（5）熔盐：是指各种无机盐的熔融体。

（6）富集渣：是指使原料中的某些有用成分富集于炉渣中，以便在后续工序中将其回收利用。

（7）合成渣：是由为达到一定冶炼目的、按一定成分预先配制的渣料熔合而成的炉渣，如保护渣、电渣重熔用渣等。合成渣所起的冶金作用差别很大。

1.3　例题分析

1-1　何为熔渣？简述冶炼渣和精炼渣的主要作用。

答：(1) 熔渣是指在冶炼过程中由各种金属的氧化物构成的熔融态产物或中间产品。

（2）精炼渣是粗金属精炼过程的产物，其主要作用是捕集粗金属中杂质元素的氧化产物，使之与主金属分离。

冶炼渣是在以矿石或精矿为原料、以粗金属或熔锍为冶炼产物的冶金过程中生成的，其主要作用在于汇集炉料（矿石或精矿、燃料、熔剂等）中的全部脉石成分、灰分及大部分杂质，从而使其与熔融的主要冶炼产物（金属、熔锍等）分离。

1-2　火法冶金的特点是什么？

答：火法冶金的特点是“一高三多”，分别是高温、多组分、多相体系、多相反应。

1-3　炉渣组分主要来源于哪里？

答：炉渣组分主要来源于以下方面：

（1）矿石或精矿中的脉石，如高炉冶炼：Al_2O_3、CaO、SiO_2 等；

（2）为满足冶炼过程需要而加入的熔剂，如 CaO、SiO_2、CaF_2 等，可改善熔渣的物理化学性能；

（3）冶炼过程中金属或化合物（如硫化物）的氧化产物，如炼钢：FeO、Fe_2O_3、MnO、TiO_2、P_2O_5等，造锍熔炼：FeO、Fe_3O_4 等；

（4）被熔融金属或熔渣侵蚀和冲刷下来的炉衬材料，如碱性炉渣炼钢时，MgO 主要来自镁砂炉衬。

2 冶金熔体的结构

2.1 知识梳理

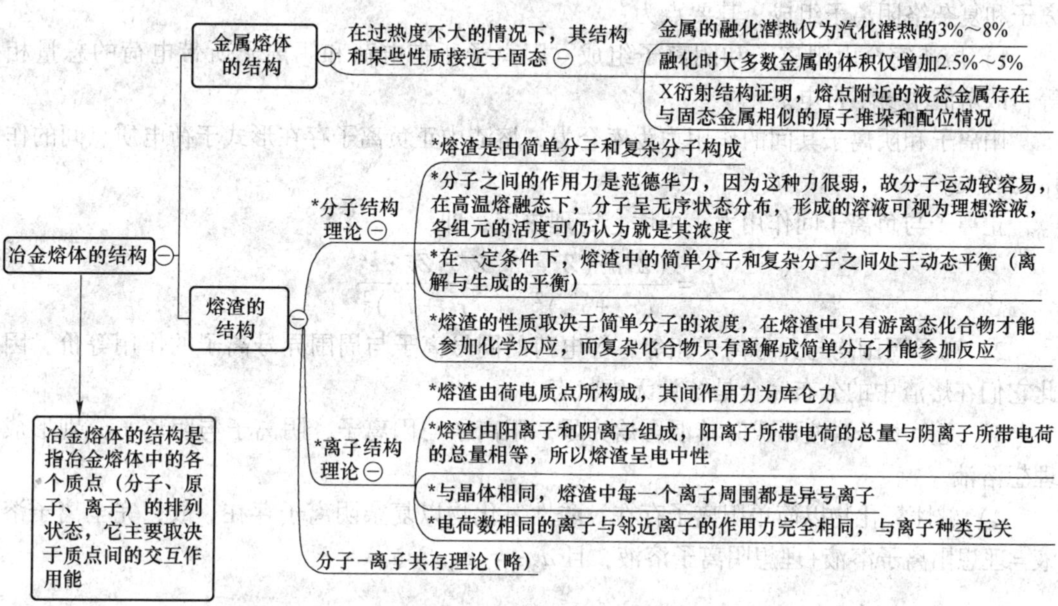

2.2 基本要求及主要内容

2.2.1 基本要求

（1）了解金属熔体的结构理论。

（2）了解熔渣的结构理论/模型。（重点）

（3）掌握分子理论的核心内容、掌握离子理论的核心内容、了解共存理论。（重点）

2.2.2 主要内容

（1）冶金熔体的结构：是指冶金熔体中各种质点（分子、原子或离子）的排列状态，它主要取决于质点间的交互作用能。

（2）熔渣分子结构理论基本观点：

1）熔渣是由简单化合物分子和复杂分子构成。

2）分子间的作用力为范德华力。

3）在一定条件下，熔渣中的简单分子和复杂分子之间处于动态平衡（离解-生成的平衡）。

4）熔渣的性质主要取决于简单分子的浓度。这是因为在熔液中只有游离态化合物才能参与反应，而复杂化合物只有离解或被置换成游离态氧化物后，才能参与反应。

分子理论存在的问题：

1）不能进行定量计算：平衡常数不恒为常数。

2）尚有一些主要实验现象无法解释：如分子理论不能说明熔渣的导电性、黏度等性能。

（3）熔渣离子结构理论基本观点：离子结构理论认为，熔渣由简单阳离子、简单阴离子和复杂络阴离子组成。其要点为：

1）熔渣完全由阳离子和阴离子组成，阳离子所带电荷和阴离子所带电荷的总量相等，故熔渣本身不带电。

阳离子和阴离子其间的作用力为库仑力，熔渣中正负离子存在形式于荷电质点间的作用力有关。

正离子与负离子间作用力，由库仑定理决定，即

$$F = \frac{(Z^{+}e)(Z^{-}e)}{(r_{+}+r_{-})^{2}} = \frac{Z^{+}\cdot Z^{-}\cdot e^{2}}{(r_{+}+r_{-})^{2}}$$

2）离子周围均与异号离子相邻，等电荷的同号离子与周围异号离子的作用等价，因此它们在熔渣中的分布完全是统计无序状态。

3）完全离子溶液形成时其混合焓为零。阳离子与阳离子、阴离子与阴离子分别形成理想溶液。

4）碱性氧化物以简单阳离子存在，酸性氧化物以复杂阴离子存在。故，完全离子溶液=理想阳离子溶液+理想阴离子溶液，且 $a_{M^{2+}} = x_{M^{2+}}$，$a_{O^{2-}} = x_{O^{2-}}$。

2.3　例题分析

2-1　冶金熔体的热力学模型有哪些，热力学模型提出的主要目的是什么？

答：冶金熔体的热力学模型有：熔渣分子结构模型、理想离子溶液模型、正规离子溶液模型和熔渣聚合物模型。

热力学模型提出的主要目的是计算熔体组分的活度。

2-2　火法冶金过程生成的炉渣，主要是哪几类化合物（列举 4 种），这些化合物来自哪些原料？

答：火法冶金过程生成的炉渣，主要是氧化铁（FeO）、氧化镁（MgO）、二氧化硅（SiO_2）、三氧化二铝（Al_2O_3）、氧化钙（CaO）等。这些氧化物主要来自入炉原料（铁矿石、铁水等）、炉衬材料、冶炼过程的添加物（炼钢过程添加的石灰）等。

2-3　简述熔渣分子结构理论的要点。

答：熔渣分子结构理论的要点包括四点：

（1）熔渣是由自由的简单氧化物分子和简单氧化物形成的复杂化合物分子所组成，简单分子如 CaO、Al_2O_3、MgO、SiO_2 等，复杂化合物分子如 $2CaO\cdot SiO_2$、$2FeO\cdot SiO_2$、

$4CaO \cdot P_2O_5$。

（2）分子间的作用力为范德华力。因为这种作用力很弱，故分子运动较容易，特别高温熔融状态下，分子呈无序状态分布，形成的溶液可认为是理想溶液。因此各组元的活度便等于其浓度值。即活度可用摩尔分数来表示。

（3）在一定条件下，熔渣中的简单分子和复杂分子之间处于动态平衡（离解-生成的平衡）。

（4）熔渣的性质主要取决于简单分子的浓度。这是因为在熔液中只有游离态化合物才能参与反应，而复杂化合物只有离解或被置换成游离态氧化物后，才能参与反应。

2-4　试用离子结构理论说明温度对熔渣的黏度、活度、表面张力及氧化能力的影响。

答：温度及碱度是控制冶炼反应的基本参数。碱度是根据原材料中硫、磷的含量和冶炼产品的要求而选定的。当选择的碱度较高时，冶炼温度也要相应提高。适合于冶炼的熔渣的黏度也受到温度和碱度的影响。碱度高的熔渣，温度也相应要提高，以提高熔渣中CaO的溶解能力，才能获得适合的黏度。影响物质反应能力的活度也是受到温度特别是碱度的影响。碱度提高，能使酸性氧化物的活度降低，碱性氧化物的活度提高。

碱度高，则熔渣中O^{2-}的浓度高，能使作为黏滞流动单元的$Si_xO_y^{z-}$的尺寸减小，从而黏度降低。这也使排斥到熔体表面发生吸附的复合硅氧离子的浓度减小，表面张力因而升高，温度也能使吸附量减弱，从而提高表面张力。按完全离子溶液理论，氧化物的活度$a_{MO} = x_{M^{2+}} \cdot x_{O^{2-}}$，所以碱度提高，$x_{O^{2-}}$增加，活度也将提高。熔渣的氧化能力是用渣中$a_{FeO}$表示的。从$CaO$-$SiO_2$-$FeO$系的$a_{FeO}$活度曲线可知，碱度达到2以前，$a_{FeO}$不断提高，是由于$O^{2-}$的浓度增加，从而$a_{FeO} = x_{Fe^{2+}} \cdot x_{O^{2-}}$提高；但当碱度大于2以后，由于有$FeO_2^-$生成，$x_{M^{2+}}$及$x_{O^{2-}}$减小，因而$a_{FeO}$降低；当碱度等于2时，熔渣有最高的氧化能力。

2-5　在对熔渣与金属或气相之间反应的平衡计算时，常常要用到渣中FeO、SiO_2、P_2O_5等的活度数据，而在熔渣组分的等活度曲线图中也是如此。有人认为，这就是承认了熔渣有FeO、SiO_2、P_2O_5等分子存在，从而得出“热力学计算是建立在熔渣分子理论假说的基础上进行的”论断。这种说法是否正确？

答：这种说法是不正确的。在热力学计算中，只是把FeO、SiO_2、P_2O_5等作为一种组分看待，并不涉及熔渣的结构，也不问这些组分在熔渣中到底是以分子或离子等形式存在。因此，在热力学计算中，虽然用到a_{FeO}、a_{SiO_2}、$a_{P_2O_5}$等的数据，但不意味着承认这些组分在熔渣中是以分子形态存在。

2-6　某熔渣成分（mol/100g）为：0.837/CaO，0.170/SiO_2，0.022/Al_2O_3，0.044/MnO，0.172/MgO，0.400/FeO，0.008/P_2O_5，0.014/S，$w[S]_{Fe} = 0.041\%$，利用完全离子模型求硫的分配比$L_S = a_{FeS}/a_{[S]}$。

已知：$w[S]_{Fe} = 0.041\%$时，$f_{[S]} = 1$。

解：依题意，根据完全离子模型计算正离子总数：

依据 $L_S = \dfrac{a_{FeO}}{a_{[S]}} = \dfrac{x_{Fe^{2+}} \cdot x_{S^-}}{a_{[S]}}$

$$CaO = Ca^{2+} + O^{2-} \quad FeO = Fe^{2+} + O^{2-} \quad MnO = Mn^{2+} + O^{2-} \quad MgO = Mg^{2+} + O^{2-}$$

$$\sum n_+ = n_{Ca^{2+}} + n_{Mn^{2+}} + n_{Mg^{2+}} + n_{Fe^{2+}} = n_{CaO} + n_{MnO} + n_{MgO} + n_{FeO}$$

$$= 0.837 + 0.172 + 0.4 + 0.044 = 1.453$$

负离子总数：碱性氧化物提供 O^{2-}，而酸性氧化物消耗 O^{2-}，同时产生复杂阴离子。

$$SiO_2 + 2O^{2-} = SiO_4^{4-} \qquad n_{SiO_4^{4-}} = n_{SiO_2} \qquad \text{消耗 } 2n_{SiO_2} \text{ 的 } O^{2-}$$

$$P_2O_3 + 3O^{2-} = 2PO_4^{3-} \qquad n_{PO_4^{3-}} = 2n_{P_2O_5} \qquad \text{消耗 } 3n_{P_2O_5} \text{ 的 } O^{2-}$$

$$Al_2O_3 + 3O^{2-} = 2AlO_3^{3-} \qquad n_{AlO_3^{3-}} = 2n_{Al_2O_3} \qquad \text{消耗 } 3n_{Al_2O_3} \text{ 的 } O^{2-}$$

$$\begin{aligned}\sum n_- &= n_{O^{2-}} + n_{SiO_4^{4-}} + n_{PO_4^{3-}} + n_{AlO_3^{3-}} + n_{S^{2-}} \\ &= \sum n_+ - n_{SiO_2} - n_{P_2O_5} - n_{Al_2O_3} + n_{S^{2-}} \\ &= 1.453 - 0.17 - 0.008 - 0.022 + 0.014 = 1.267\end{aligned}$$

综上所述，所以：

$$x_{Fe^{2+}} = \frac{n_{Fe^{2+}}}{\sum n_+} = \frac{0.40}{1.453} = 0.277 \qquad x_{S^{2-}} = \frac{n_{S^{2-}}}{\sum n_-} = \frac{0.014}{1.267} = 0.011$$

则：

$$L_S = \frac{x_{Fe^{2+}} \cdot x_{S^-}}{a_{[S]}} = \frac{0.277 \times 0.011}{0.041} = 0.074$$

2.4 测 试 题

2-1 熔渣离子结构理论的假设条件。

答：略。

3 冶金熔体的化学性质

3.1 知识梳理

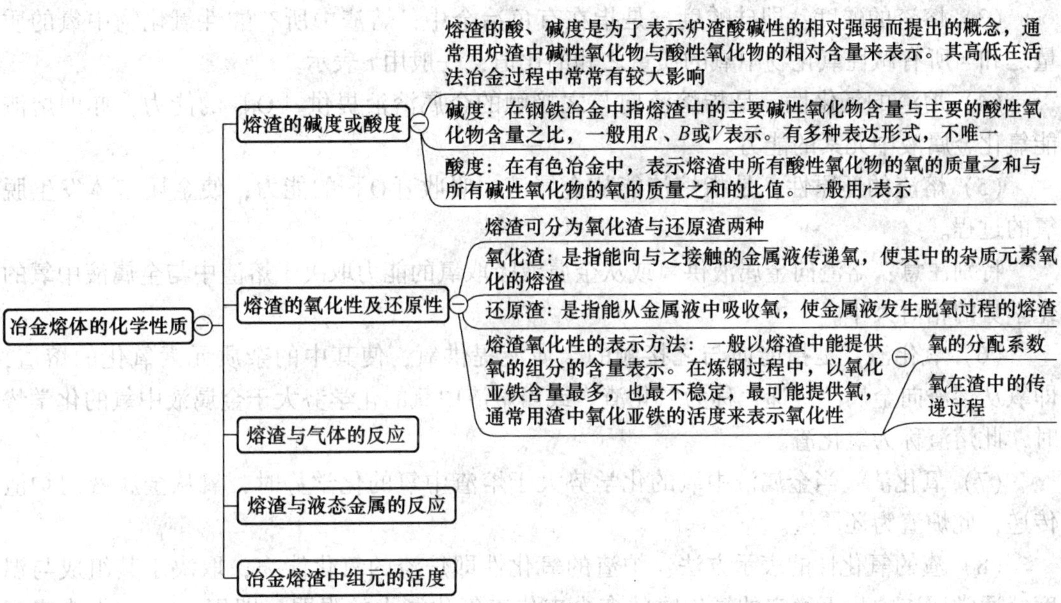

3.2 基本要求及主要内容

3.2.1 基本要求

（1）理解熔渣的碱度、光学碱度与酸度的定义及表示方法，并掌握二者在生产中是如何应用的。(重点)

（2）理解熔渣的氧化性及氧化渣，掌握它在冶金过程中的表示方法及它的重要作用。(重点)

（3）理解熔渣的还原性及还原渣。

（4）理解并掌握熔渣中氧的传递方式。(重点、难点)

（5）冶金熔体中组元的活度。(重点)

3.2.2 主要内容

（1）熔渣的碱度：由于熔渣主要是由氧化物组成，其化学性质主要决定于其中占优势的氧化物的化学性质，即决定于碱性氧化物与酸性氧化物的相对强弱。在钢铁冶金中，碱度是指熔渣中主要碱性氧化物含量与主要酸性氧化物含量（质量）之比，一般用 R 表示，也有用 B 或 V 表示的。

（2）熔渣的光学碱度：由于炉渣的碱度与其中氧化物有关，而氧化物的碱性取决于其对 O^{2-} 离子的行为。但 O^{2-} 离子的活度并不能单独测定，于是在氧化物中加入显示剂，用光学方法来测定氧化物释放电子的能力，来表示 O^{2-} 离子的活度，并据此确定氧化物的光学碱度。以 CaO 炉渣中的标准碱性氧化物，即定义其光学碱度为 1，而其他氧化物的光学碱度为该氧化物释放电子能力与 CaO 释放电子能力的比值，用希腊字母 Λ 表示。

（3）熔渣的酸度：即硅酸度，是指在有色冶金中，熔渣中所有酸性氧化物中氧的质量之和与所有碱性氧化物中氧的质量之和的比值，一般用 r 表示。

（4）熔渣的氧化性：是指熔渣向与之接触的金属溶液提供［O］的能力，亦即熔渣能氧化金属液中元素的能力。

（5）熔渣的还原性：是指熔渣能从金属液中吸收［O］的能力，使金属熔体发生脱氧的过程。

特别注意：熔渣向金属液供氧或从金属液吸取氧的能力取决于熔渣中与金属液中氧的化学势的相对大小。

（6）氧化渣：是指能向与之接触的金属液提供氧，使其中的杂质元素氧化的熔渣，即氧从熔渣向金属液传递，称为氧化渣。或当熔渣中氧的化学势大于金属液中氧的化学势时，此熔渣称为氧化渣。

（7）氧化渣：当金属液中氧的化学势大于熔渣中氧的化学势时，氧从金属液向炉渣传递，此炉渣为还原渣。

（8）渣的氧化性的表示方法：炉渣的氧化性即炉渣的氧化能力，取决于其组成与温度，通常用渣中最不稳定的氧化物的多少来代表氧化能力的强弱，即用 a_{FeO} 的大小来表示，因为在各氧化物（CaO、MgO、MnO、FeO）中，FeO 稳定性最差，其供氧可能性最大。

FeO 的传氧方式：$(FeO) = [Fe] + [O]$

3.3 例题分析

3-1 什么是炉渣的氧化能力？

答：炉渣的氧化能力是指熔渣通过氧在渣-金属间的分配平衡，向金属液熔池中传递氧的能力。一般以熔渣中能提供氧的组分的含量表示。

3-2 熔渣中的氧化物是如何分类的？

答：根据氧化物对 O^{2-} 离子的行为，将氧化物分为三种，分别是酸性氧化物 、碱性氧化物和两性或中性氧化物。

3-3 什么是熔渣的硫容量？

答：熔渣的硫容量即熔渣的硫化物容量，表示熔渣容纳或吸收硫的能力。随碱度的增加和 $\gamma_{S^{2-}}$ 的减小而增大。如下式所示。

$$C_s = W_s \cdot \left[\frac{p_{O_2}}{p_{S_2}}\right]^{1/2} = K^{\ominus} \cdot \frac{a_{O^{2-}}}{\gamma_{S^{2-}}}$$

3-4　熔渣的氧化能力主要取决于什么？通常用什么来表示？

答：熔渣的氧化能力主要取决于其组成和温度。在炼钢过程中，由于渣中氧化铁（FeO）的氧势最高，亦最不稳定，所以通常用渣中（FeO）的多少来代表炉渣氧化能力的强弱。

3-5　炉渣的氧化性如何表示？说明氧在渣中的传递原理。

答：炉渣的氧化性即炉渣的氧化能力，取决于其组成与温度，通常用渣中最不稳定的氧化物的多少来代表氧化能力的强弱，即用 a_{FeO} 的大小来表示，因为在各氧化物（CaO、MgO、MnO、FeO）中，FeO 稳定性最差，其供氧可能性最大。

FeO 的传氧方式：$(FeO) = [Fe] + [O]$

上式的标准平衡常数为：$K^{\ominus} = \dfrac{a_{[O]} \cdot a_{[Fe]}}{a_{(FeO)}}$

对铁液而言，取纯 $Fe_{(l)}$ 为标准态，则 $a_{[Fe]} = 1$

所以：$K^{\ominus} = \dfrac{a_{[O]} \cdot a_{[Fe]}}{a_{(FeO)}} = \dfrac{a_{[O]}}{a_{(FeO)}}$

氧在渣-金中的分配系数用 L_O 表示，即 $L_O = \dfrac{1}{K^{\ominus}} = \dfrac{a_{(FeO)}}{a_{[O]}}$。

由上式可知，当温度一定时，$K^{\ominus}$ 或 L_O 是常数，当炉渣中 $a_{(FeO)}$ 增大时，即炉渣的氧化性增强时，$a_{[O]}$ 也增大。即金属液中的氧含量增加。

炉渣是氧的传递媒介，而渣中的 FeO 则是传递氧的载体。当炉气（含氧）与炉渣接触时，渣中的 FeO 被氧化成 Fe_2O_3，从炉渣表面扩散到渣与金属交界面，在交界面处 Fe_2O_3 被钢液中［Fe］还原成 FeO。之后，按分配定律，FeO 中氧在渣与金间进行分配而进入钢液中，以生成溶解于钢液中的氧—［O］，［O］再与钢液中的其他元素发生氧化反应。

氧通过炉渣传递示意图如图 3-1 所示（分子式表示）。

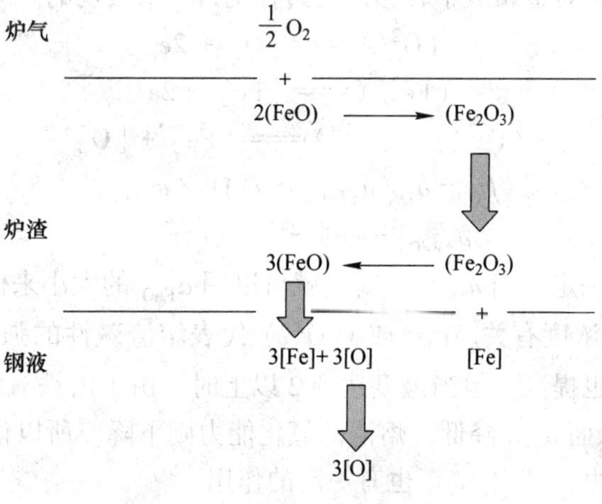

图 3-1　氧通过炉渣传递示意图

3-6 说明碱度对熔渣中简单离子和复杂离子浓度的影响。

答：对于简单离子的反应： $$CaO \longrightarrow Ca^{2+} + O^{2-} \quad (1)$$

复杂离子的反应： $$SiO_2 + 2O^{2-} \longrightarrow SiO_4^{4-} \quad (2)$$

增加渣的碱度，即加渣中碱性氧化物含量时，反应（1）向右进行，渣中 O^{2-} 浓度增大。

降低渣的碱度，即增加渣中酸性氧化物含量时，反应（2）向右进行，将消耗渣中 O^{2-}，渣中 SiO_4^{4-} 浓度增大。

3-7 简述熔渣的氧化性和碱度，说明两者之间有没有联系。

答：熔渣的氧化性是指熔渣向金属液提供氧的能力，一般以熔渣中能提供氧的组分的含量表示，如炼钢渣中的 FeO。熔渣的碱度是指熔渣中主要碱性氧化物的含量与主要酸性氧化物含量之比。碱度可以用渣中 $a_{O^{2-}}$ 的大小来衡量，$a_{O^{2-}}$ 越大，碱性越强，反之，越小。而熔渣的氧化性用 $a_{[O]}$ 大小来表示，不能用 $a_{O^{2-}}$ 表示熔渣的氧化性。

3-8 试述在炼钢过程中，什么是熔渣的氧化性及还原性？为什么要用 FeO 的活度来表征熔渣的氧化能力，而不用O^{2-}的活度来表征熔渣的氧化性？

答：熔渣的氧化性是指熔渣向与之接触的金属溶液提供［O］的能力，亦即熔渣能氧化金属液中元素的能力。而熔渣的还原性则是指熔渣能从金属液吸收［O］的能力。一般可根据熔渣中氧化铁的浓度来大致划分熔渣的氧化性或还原性。

在组成熔渣的各种氧化物中，以 FeO 的氧势最高，亦最不稳定，容易释放出氧而进行氧化反应，所以通常用渣中 FeO 的活度来表示熔渣的氧化性。

分子结构理论观点：只有自由的氧化物即简单氧化物才能参加化学反应，所以熔渣的氧化性应该以 a_{FeO} 来表示。当这种熔渣与金属液接触达到平衡时，渣中（FeO）将按照分配定律进入金属液中，其反应为：

$$(FeO) = [Fe] + [O], \quad L_O = w[O]/a_{(FeO)}$$

温度一定时，L_O 值一定，渣中 a_{FeO} 越大，与之平衡的金属液中的氧浓度（活度）也越大，所以可用 a_{FeO} 来表示熔渣的氧化能力。

熔渣离子理论观点：渣中O^{2-}是进入金属液中［O］的供给者，似乎应以O^{2-}代表熔渣的氧化能力，但氧由渣向金属液中转移是通过伴随Fe^{2+}来实现的。

$$(O^{2-}) = [O] + 2e$$

$$(Fe^{2+}) = [Fe] - 2e$$

$$(Fe^{2+}) + (O^{2-}) = [Fe] + [O]$$

而

$$L_O = a_O / a_{(FeO)} = w[O] / a_{(FeO)}$$

$$a_{(FeO)} = x(Fe^{2+}) \cdot x(O^{2-})$$

温度一定时，L_O 一定。当 a_O 给定时，就可以用 a_{FeO} 的大小来体现渣的氧化能力。它与渣中的Fe^{2+}和O^{2-}的浓度有关。$a_{O^{2-}}$ 或 $x(O^{2-})$ 代表熔渣碱性的强弱，当其值高时，a_{FeO} 增加，渣的氧化能力也提高，但当碱度达到 2 以上时，由于由铁氧络离子形成，渣中Fe^{2+}和O^{2-}的浓度减小，从而 a_{FeO} 降低，熔渣的氧化能力则下降。所以仅 $a_{O^{2-}}$ 大，并不一定能反映出熔渣的氧化能力，其中 $a_{Fe^{2+}}$ 也有一定的作用。

3-9 试述在炼钢过程中，什么是熔渣的碱度？为什么可以用 O^{2-} 的活度来表征熔渣的碱度？

答：在炼钢过程中，为了表示炉渣酸碱性的相对强弱而提出的概念，熔渣的碱度是指熔渣中主要碱性氧化物的含量与主要酸性氧化物含量之比。

在熔渣离子理论中，熔渣中的碱性氧化物，如 CaO、FeO 等，将离解为氧负离子 O^{2-} 和相应的金属阳离子 Me^{n+}，即碱性氧化物向渣中提供自由 O^{2-}；而酸性氧化物，如 SiO_2、P_2O_5 等，则与渣中的 O^{2-} 结合为复合阴离子。即酸性氧化物吸收渣中的自由 O^{2-}。也就是说，碱性氧化物提高渣中自由 O^{2-} 的活度，而酸性氧化物则降低渣中自由 O^{2-} 的活度。因此，可以用渣中自由 O^{2-} 的活度（即 $a_{O^{2-}}$）的大小作为熔渣酸碱性的量度。$a_{O^{2-}}$ 越大，则熔渣的碱性越大；反之，$a_{O^{2-}}$ 越小，则熔渣的酸性越大。在熔渣离子理论中往往用 O^{2-} 的活度来表征熔渣的碱性。

3-10 何谓的熔渣酸碱性，熔渣的氧化能力以及两者间的关系。

答：熔渣的氧化性是指熔渣通过氧在渣-金属间的分配平衡，熔渣向金属液提供氧的能力，一般以熔渣中能提供氧的组分的含量表示，如炼钢渣中的 FeO。

熔渣的碱度是指熔渣中主要碱性氧化物的含量与主要酸性氧化物含量之比。碱度可以用渣中 $a_{O^{2-}}$ 的大小来衡量，$a_{O^{2-}}$ 越大，碱性越强，反之，越小。而熔渣的氧化性用 $a_{[O]}$ 大小来表示，不能用 $a_{O^{2-}}$ 表示熔渣的氧化性。

3-11 熔渣中的氧化物是如何分类的？用什么指标来表示炉渣的碱性？

答：常常把构成熔渣的氧化物按其化学性质分为三类。能离解出 O^{2-} 及金属阳离子的是碱性氧化物；能吸收 O^{2-}，转变为络离子的是酸性氧化物；而在酸性熔渣中离解出 O^{2-}，显碱性，在碱性熔渣中吸收 O^{2-}，显酸性，则是两性氧化物。同种金属元素的氧化物在高价时，能吸收 O^{2-}，显酸性；在低价时，离解出 O^{2-}，显碱性。

炉渣的酸碱性则决定于其占优势的氧化物的酸碱性。故熔渣的酸碱性与其中氧化物对 O^{2-} 的行为有关。因此，从热力学的角度，可用渣中 O^{2-} 的浓度或活度的大小表示炉渣的酸碱性强、弱的程度或指标，表示炉渣碱性的指标有 3 个：

（1）碱度：生产实践中以炉渣中主要碱性氧化物的浓度对主要酸性氧化物的浓度之比表示，如 $R = (\%CaO)/(\%SiO_2)$。采用碱度作参数，可使用炉渣组分做参数的数目减少，如在 $CaO\text{-}SiO_2\text{-}MgO\text{-}Al_2O_3$ 渣系中，常考虑碱度及 Al_2O_3 两个参数，而在 $CaO\text{-}SiO_2\text{-}MnO\text{-}FeO$ 渣系中，常考虑碱度及 FeO 两者对冶炼反应的影响。

（2）过剩度：这是按照分子理论把所有碱性氧化物的浓度之和减去所有消耗碱性氧化物形成复合化合物的酸性氧化物浓度之和的差值表示自由碱性氧化物的浓度作为炉渣碱性的综合指标。但这个指标使用不广泛，仅在脱硫反应中采用过。

（3）光学碱度：因为炉渣的酸碱性与其中氧化物对 O^{2-} 的行为有关，所以仅可用渣中 O^{2-} 的活度来表示炉渣的碱度。但 O^{2-} 的活度不能单独测定，而各氧化物离解出的 O^{2-} 的活度则与其阳离子的静电势有关。静电势较小的离解出的 O^{2-} 的活度就较大，而此氧化物的碱性就较强。在氧化物中加入显示剂，测出氧化物中 O^{2-} “释放电子的能力”对 CaO 中 O^{2-} “释放电子的能力”之比，定义为该氧化物的光学碱度。也可利用氧化物中金属元素的电负性来求出氧化物的光学碱度。

而炉渣的光学碱度则由渣中各组成氧化物的光学碱度或“释放电子的能力”的总和

计算出来：$\Lambda = \sum (x_B \cdot \Lambda_B)$。

式中 Λ_B ——氧化物的光学碱度；

x_B ——氧化物中阴离子的摩尔分数，即氧化物在渣中氧原子的摩尔分数。

光学碱度能较全面地考虑渣中所有组分对炉渣碱度的贡献，也不用区分各氧化物是酸性还是碱性。它能较好地用于熔渣脱磷和脱硫的容量性质及分配常数的计算中。

4 冶金熔体的物理性质

4.1 知识梳理

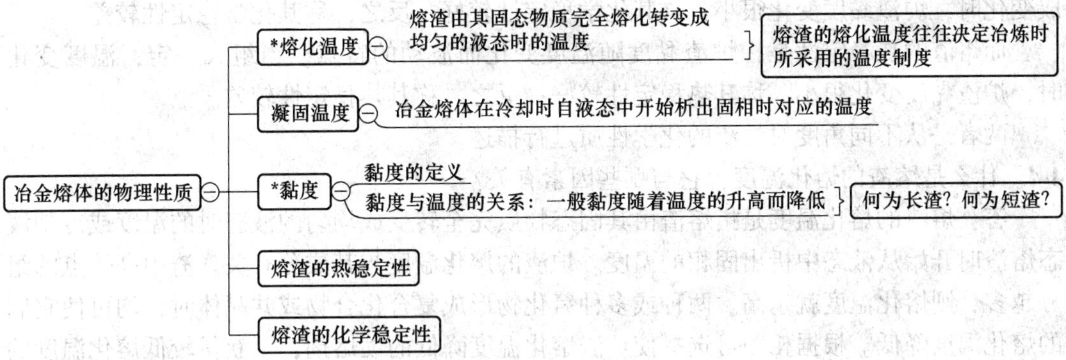

4.2 基本要求及主要内容

4.2.1 基本要求

（1）理解熔渣的熔化温度和凝固温度。（重点）

（2）理解熔渣的黏度，了解熔渣的黏度与温度之间的关系，了解熔渣的黏度与其成分之间的关系。（重点）

（3）一般性地了解熔渣的其他物理性质。

4.2.2 主要内容

（1）炉渣的熔化温度：是指熔渣由其固态物质完全转变成均匀的液态时的温度或冷却液态熔渣时开始从液态中析出固相的温度。

（2）熔渣的凝固温度：是指液态熔渣在冷却时开始析出固相时的温度。

（3）炉渣的熔化性温度：是指熔渣的黏度随温度而变化，当熔渣黏度由较小变化到急剧变化时对应的温度。

4.3 例题分析

4-1 简要说明什么是长渣，什么是短渣？

答：对于熔渣而言，根据黏度与温度关系满足指数关系式，根据关系式将熔渣分为两种类型，其中黏度随着温度下降而平缓地增大时称其为酸性渣，又称长渣；若在高温区域时，温度降低后黏度只稍有增大，但降至一定温度，黏度突然急剧增大时称其为碱性渣，又称短渣。

4-2 在冶炼过程中金属液的回收与熔渣有什么关系？

答：冶炼过程中生成的金属液滴最初是分散在熔渣中的，这些分散的微小液滴的汇集、长大及沉降等过程都是在熔渣中进行的。因此熔渣的物理化学性质对金属与脉石的分离程度有着决定性的影响。在冶炼过程中，为了使金属的液滴在熔渣中更好地沉降、降低主金属在渣中的损失，要求熔渣具有较低的黏度、密度和合适的渣-金界面张力等。

4-3 何为熔渣的化学稳定性和熔渣的热稳定性，两者有何不同？

答：熔渣的化学稳定性是指炉渣黏度随其组成变化而波动的特点。当温度一定，其组成变化时，炉渣黏度变化很小，称其化学稳定性较好；反之，称其化学稳定性较差。

而熔渣的热稳定性是指炉渣黏度随温度变化而波动的特点。当组成一定，温度变化时，炉渣黏度变化很小，称其热稳定性较好；反之，称其热稳定性较差。

两者是从不同角度对炉渣的化学性质进行描述。

4-4 什么是熔渣的熔化温度，它与哪些因素有关？

答：熔渣的熔化温度是指熔渣由其固态物质完全转变成均匀的液态时的温度或冷却液态熔渣时开始从液态中析出固相的温度。炉渣的熔化温度与其成分有关。渣中高熔点的组分越多，则熔化温度就越高。两种或多种氧化物形成复合化合物或共晶体时，均可使它们的熔化温度降低。根据相图可选择使炉渣熔化温度降低的助熔剂，可获得较低熔化温度的渣系。钢铁冶金中，常用的助熔剂是 FeO、Na_2O、CaF_2 等。这些助溶剂能使高熔点氧化物或复合化合物形成低熔点的复合化合物或共晶组织，使熔点高的液相向低温方向扩展。如 CaO-SiO_2-FeO 渣系中，(FeO) 增加，其内出现了 C_2S-FeO 共晶体，使熔渣的液相区向 (FeO) 增加的方向扩大。

4-5 什么是炉渣的熔化温度和熔化性温度，它对高炉冶炼有什么影响？

答：炉渣的熔化温度（熔点）是指熔渣由其固态物质完全转变成均匀的液态时的温度或冷却液态熔渣时开始从液态中析出固相的温度，即相图熔渣组成所在液相线的温度。但一般来说，黏度是比较高的，甚至在相当广阔的温度范围内，还处于半流动状态。碱度不高的炉渣常具备这种性质。

炉渣的熔化性温度是指熔渣的黏度随温度而变化，当熔渣黏度由较小变化到急剧变化时对应的温度。即能保证熔渣具有自由流动的温度。

为了使高炉冶炼顺利进行，应使炉渣在熔化后的温度能保证熔渣达到自由流动。它与熔渣的黏度有关。黏度较低的熔渣，熔化性温度就比较低。熔化性温度高，则表示炉渣难熔，反之，则易熔。一般可以从 η-t 曲线图内作 45°的斜线，与曲线相切的切点的温度规定为炉渣的熔化性温度。

熔化性温度说明在该温度下，炉渣能否自由流动。因此，熔化性温度的高低会影响高炉冶炼的顺行和熔渣的顺利排放。仅当熔化性温度低于高炉正常生产能达到的炉缸温度时，才能保证高炉冶炼顺行和炉渣顺利排放。

5　冶金熔体的热力学性质

5.1　知 识 梳 理

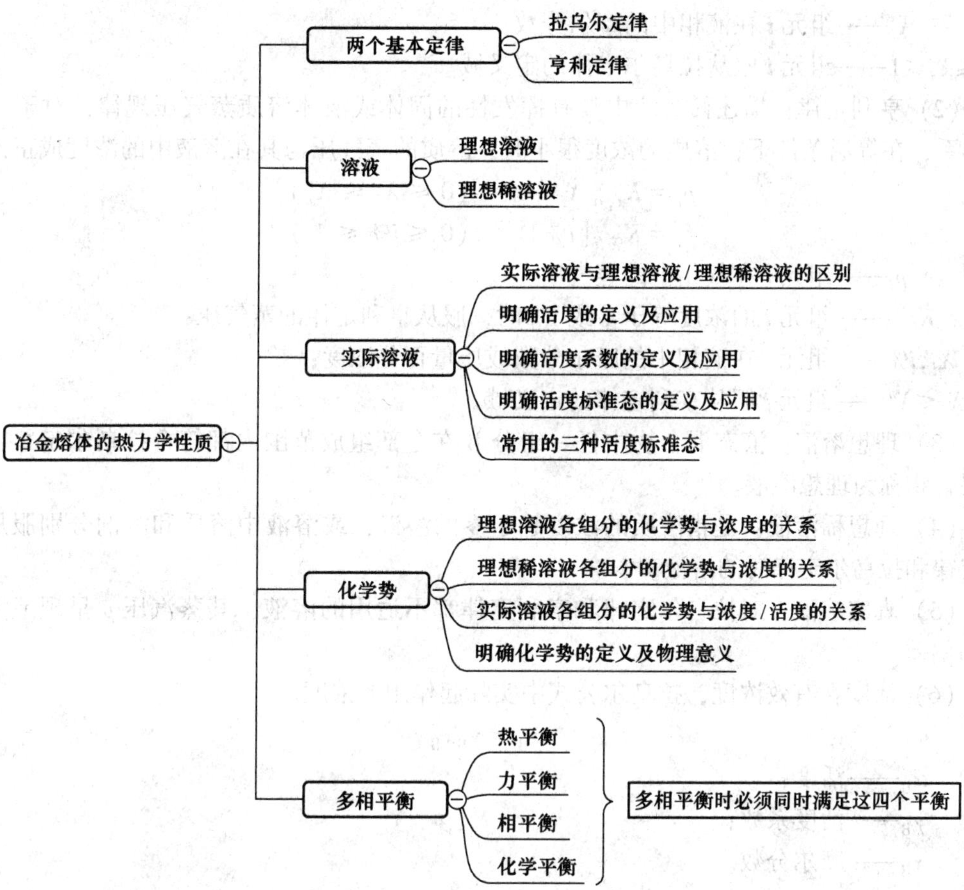

5.2　基本要求及主要内容

5.2.1　基本要求

（1）理解和掌握拉乌尔定律和亨利定律。(重点)

（2）理解理想溶液、理想稀溶液的定义，掌握理想溶液、理想稀溶液中各组元的化学势与浓度的关系。(重点)

（3）理解实际溶液与理想溶液的区别。

（4）掌握活度的定义及应用；理解和掌握活度标准态并能在冶金热力学计算中灵活运用。（重难点）

5.2.2 主要内容

（1）拉乌尔定律：描述稀溶液中的溶剂及理想溶液中任何一组元蒸气压规律，对于一个二元系，在等温条件下，溶剂的蒸气压与其在溶液中该组分的摩尔分数成正比。

$$p_i = p_i^* \cdot X_i \quad (X_i' \leqslant X_i \leqslant 1)$$

式中 p_i——组元 i 在气相中的蒸气压；

p_i^*——纯组元 i 的蒸气压；

X_i——组元 i 在液相中的摩尔分数；

$X_i' \leqslant X_i \leqslant 1$——组元 i 服从拉乌尔定律的定义域。

（2）亨利定律：描述稀溶液中具有挥发性的固体或液体溶质蒸气压规律，对于一个二元系，在等温条件下，溶质的浓度很小时，溶质的蒸气压与其在溶液中的浓度成正比。

$$p_i = K_{x,i} X_i \qquad (0 \leqslant X_i \leqslant X_i'')$$

$$p_i = K_{\%,i}[i\%] \qquad (0 \leqslant i\% \leqslant 1)$$

式中 p_i——组元 i 在气相中的蒸气压；

$K_{x,i}$，$K_{\%,i}$——组元 i 的浓度等于 1 或 1%时，服从亨利定律的蒸气压；

X_i，$i\%$——组元 i 在液相中的摩尔分数或质量百分浓度；

$0 \leqslant X_i \leqslant X_i''$——组元 i 服从亨利定律的定义域。

（3）理想溶液：液态混合物中任一组分 B 在全部组成范围内都符合拉乌尔定律，则该混合物称为理想溶液。

（4）理想稀溶液：是指溶质的浓度趋于零的溶液，或溶液中溶质和溶剂分别服从亨利定律和拉乌尔定律时的溶液。

（5）真实溶液：对拉乌尔定律和亨利定律都不适用的溶液，其蒸汽压 p 呈现或大或小的偏差。

（6）活度：有效浓度，拉乌尔公式中实际起作用的浓度。

$$\alpha_B = \gamma_B x_B$$

式中 α_B——活度；

γ_B——活度系数；

x_B——摩尔分数。

5.3 例题分析

5-1 在下述条件：温度 $T = 1873$K，熔渣成分为：$w(FeO) = 12.02\%$，$w(MnO) = 8.84\%$，$w(CaO) = 42.68\%$，$w(MgO) = 14.97\%$，$w(SiO_2) = 19.34\%$，$w(P_2O_5) = 2.15\%$。测得与此熔渣平衡的钢液中的氧浓度为 $w[O] = 0.058\%$，氧在钢液中的溶液属于稀溶液。

根据实际测定的钢液中的氧浓度，计算熔渣中 FeO 的活度及活度系数。

已知：$(FeO) = [O] + Fe_{(l)}$，$\lg K = -\dfrac{6320}{T} + 2.734$。

答：以 100g 熔渣作为计算基础，各组分摩尔量的计算结果见表 5-1。

表 5-1 熔渣中各组分的摩尔量

组 分	FeO	MnO	CaO	MgO	SiO_2	P_2O_5	$\sum n$
n_B	0.167	0.125	0.762	0.374	0.322	0.015	1.765

$$x_{FeO} = \frac{0.167}{1.765} = 0.0946$$

在 $T = 1873K$ 条件下，钢液中的氧浓度 $w[O] = 0.058\%$。

$$(FeO) = [O] + Fe(l) \qquad \lg K = -\frac{6320}{T} + 2.734$$

$$T = 1873K \quad \lg K = -\frac{6320}{1873} + 2.734 = -0.640$$

$$K = \frac{[w[O]]}{a_{FeO}} = 0.23$$

$$a_{FeO} = \frac{[w[O]]}{K} = \frac{0.058}{0.23} = 0.252$$

$$\gamma_{FeO} = \frac{a_{FeO}}{x_{FeO}} = \frac{0.252}{0.0946} = 2.664$$

5-2 纯物质标准态活度和亨利标准态活度如何转化，换算系数 $\gamma^{\ominus}$ 的物理意义是什么？

答：不同标准态间活度的换算关系为 $\frac{a_{i,R}}{a_{i,H}} = \gamma^{\ominus}$，换算系数 $\gamma^{\ominus}$ 的物理意义是：组元 i 的浓度在稀溶液范围内以纯物质为标准态的活度系数。即在数值上，$\gamma_i^{\ominus}$ 等于两个标准态的蒸气压 $k_H^{\ominus}$ 和 $p_i^{\ominus}$ 之比，也等于两个标准态下组分 i 的活度比$\frac{a_{i,R}}{a_{i,H}}$，活度系数之比 $\frac{\gamma_i}{f_{i,H}}$。

5-3 在不同的标准态下，热力学参数 a_B、$\Delta_r G_m^{\ominus}$、μ_B 会不会随标准态改变而变化？

答：当其他条件不变时，在不同标准态下，热力学参数 a_B、$\Delta_r G_m^{\ominus}$ 均随标准态变化而改变，而 μ_B 不随标准态而改变。

5-4 冶金热力学计算中，溶液组分常用的三种活度标准态是什么？在进行冶金中的相关反应计算时，对于金属熔体中的组元，一般采用哪种标准态？对于熔渣中的组元，一般采用哪种标准态？

答：溶液组分活度的常用标准态有三种，其特点是：

（1）纯物质标准态：$x_B = 1$ 时符合拉乌尔定律的标准态蒸气压，p_B^*；

（2）假想纯物质标准态又称亨利标准态：$x_B = 1$ 时仍符合亨利定律的假想状态的标准态蒸气压，$K_{H(x)}$；

（3）质量 1% 溶液标准态：$w_B = 1\%$ 时仍符合亨利定律的状态的标准态蒸气压，$K_{H(\%)}$。

在进行冶金中的相关反应计算时，对于金属熔体中的组元，一般采用服从亨利定律，重量 1% 浓度溶液为标准态；对于熔渣中的组元，一般采用纯物质为标准态。

5-5 对拉乌尔定律与亨利定律进行比较，有什么相同点和不同点？

答：对拉乌尔定律与亨利定律进行比较，二者既有相同点也有不同点。

相同点：二者都表示溶液中组元的蒸气压与其浓度的关系。

不同点：(1) 拉乌尔定律表示的是稀溶液中溶剂的蒸气压与溶剂浓度成正比，而亨利定律表示的是稀溶液中溶质的蒸气压与其浓度的关系；

(2) 拉乌尔定律中浓度只能用摩尔分数表示，而亨利定律中浓度的表示不唯一，可以是多种表达；

(3) 亨利定律中溶质在两相中的质点存在形式要一致，否则亨利定律不适用，只能遵循西华特定律。

5-6 在温度 $T=1900\text{K}$ 和总压 $P=10^5\text{Pa}$ 的条件下，用氩气对成分为 $w[\text{C}]=0.10\%$、$w[\text{Cr}]=1.50\%$、$w[\text{Mn}]=1.00\%$的钢液进行炉外精炼。为使成品钢中氮的质量分数 $w[\text{N}]\leqslant 0.005\%$，试求氩气中允许残存的氮气的最大分压。

已知铁液中组元活度相互作用系数为 $e_{\text{N}}^{\text{N}}=0$、$e_{\text{N}}^{\text{C}}=0.13$、$e_{\text{N}}^{\text{C}}=-0.047$、$e_{\text{N}}^{\text{Mn}}=-0.021$，氮在铁液中的溶解反应及其标准平衡常数与温度的关系式为$\frac{1}{2}\text{N}_2=[\text{N}]$，$\lg K_{\text{N}}^{\ominus}=-\frac{518}{T}-1.063$。

解：设满足 $w[\text{N}]\leqslant 0.005\%$条件的氩气中允许残存的最大分压为 p_{N_2}。

计算氮在铁液中的溶解反应在 1900K 时的标准平衡常数为：

$$\lg K_{\text{N}}^{\ominus}=-\frac{518}{1900}-1.063=-1.336$$

$$K_{\text{N}}^{\ominus}=0.046$$

根据已知条件计算铁液中的氮的活度系数为：

$$\begin{aligned}\lg f_{[\text{N}]\%}&=e_{\text{N}}^{\text{N}}\cdot[w[\text{N}]]+e_{\text{N}}^{\text{C}}\cdot[w[\text{C}]]+e_{\text{N}}^{\text{Cr}}\cdot[w[\text{Cr}]+e_{\text{N}}^{\text{Mn}}\cdot[w[\text{Mn}]]\\&=0\times0.005+0.13\times0.10-0.047\times1.50-0.021\times1.00\\&=-0.0785\end{aligned}$$

$$f_{[\text{N}]\%}=0.835$$

氮在铁液中的溶解反应的标准平衡常数方程式为：

$$K_{\text{N}}^{\ominus}=\frac{a_{[\text{N}]\%}}{\sqrt{p_{\text{N}_2}/p^{\ominus}}}=\frac{f_{[\text{N}]\%}\cdot[w[\text{N}]]}{\sqrt{p_{\text{N}_2}/p^{\ominus}}}$$

将 $[w[\text{N}]]=0.005$、$f_{[\text{N}]\%}=0.835$、$K_{\text{N}}^{\ominus}=0.046$ 和 $p^{\ominus}=10^5\text{Pa}$ 代入上面方程式中，得：$0.046=\dfrac{0.835\times0.005}{\sqrt{p_{\text{N}_2}/10^5}}$。

解方程式得氩气中允许残存得氮气得最大压力为：

$$\begin{aligned}p_{\text{N}_2}&=(0.853\times0.005/0.046)^2\times10^5\\&=0.00824\times10^5\\&=824(\text{Pa})\end{aligned}$$

5-7 在 298K、$p^{\ominus}$时有 H_2O 和 CH_3OH 的混合物，其中 CH_3OH 的摩尔分数为 0.4。如果往大量此混合物中加入 1mol 的 H_2O，混合物的体积增加 $17.35\times10^{-3}\text{L}$，若往往大量此混合物中加入 1mol 的 CH_3OH，混合物的体积增加 $17.35\times10^{-3}\text{L}$。计算将 0.4mol 的 CH_3OH 和

0.6mol 的 H_2O 混合时此混合物的体积？混合过程中体积变化为多少？已知 298K、$p^{\ominus}$时，CH_3OH 的密度为 0.79kg/L，H_2O 的密度为 0.9971kg/L。

解：由题目可知：$V_A = \left(\dfrac{\partial V}{\partial n_{H_2O}}\right)_{T,P,n_{CH_3OH}} = 17.35 \times 10^{-3}(\mathrm{L})$

$$V_B = \left(\frac{\partial V}{\partial n_{CH_3OH}}\right)_{T,P,n_{H_2O}} = 39.01 \times 10^{-3}(\mathrm{L})$$

$$V_{mix} = n_A \cdot V_A + n_B \cdot V_B = 0.6 \times 17.35 \times 10^{-3} + 0.4 \times 39.01 \times 10^{-3} = 26.014 \times 10^{-3}(\mathrm{L})$$

混合前的体积 $V_{前} = V_A + V_B = \dfrac{0.6 \times 18}{0.9971 \times 10^3} + \dfrac{0.4 \times 32}{0.79 \times 10^3} = 27.034 \times 10^{-3}(\mathrm{L})$

则　$\Delta V = V_{mix} - V_{前} = 20.014 \times 10^{-3} - 27.034 \times 10^{-3} = -1.02 \times 10^{-3}(\mathrm{L})$

5-8（1）溶液的体积 $V = a + bm + cm^2$，其中 m 是溶质 B 的质量摩尔浓度，请列出 $V_{A,m}$、$V_{B,m}$ 的表达式，并说明 a、b、a/n_A 的物理意义。

（2）若已知 $V_{B,m} = a_2 + 2a_3m + 3a_4m^2$，式中 a_2、a_3、a_4 均为常数，请将溶液体积表示为 m 的函数。

解：（1）由 $V = a + bm + cm^2$ 可得

$$V_{B,m} = \left(\frac{\partial V}{\partial n_B}\right)_{T,P,n_A} = \left(\frac{\partial V}{\partial m}\right)_{T,P,n_A} = b + 2cm$$

而　$$V_{mix} = n_A \cdot V_{A,m} + n_B \cdot V_{B,m}$$

$$V_{A,m} = \left(\frac{\partial V}{\partial n_A}\right)_{T,P,n_B} = \left(\frac{\partial V}{\partial m}\right)_{T,P,n_B} = \frac{V - V_{B,m} \cdot n_B}{n_A} = \frac{a + bm + cm^2 - (b + 2m)m}{n_A} = \frac{a - cm^2}{n_A}$$

当 $m \to 0$ 时，$n_A \to 1$，$a = V_{A,m} \cdot n_A$（纯溶剂的体积）；

$b = V_{B,m}$（溶质的偏摩尔体积）；

$a/n_A = V_{A,m}$（溶剂的偏摩尔体积）。

（2）$V_{B,m} = a_2 + 2a_3m + 3a_4m^2$

因为：$$V_{B,m} = \left(\frac{\partial V}{\partial n_B}\right)_{T,P,n_A} = \left(\frac{\partial V}{\partial m}\right)_{T,P,n_A}$$

所以：$$\mathrm{d}V = V_{B,m}\mathrm{d}m$$

$$V = \int \mathrm{d}V = \int V_{B,m}\mathrm{d}m = \int_0^m (a_2 + 2a_3m + 3a_4m^2)\mathrm{d}m = a_2m + a_3m^2 + a_4m^3$$

第二篇　冶金过程的热力学基础

知识梳理

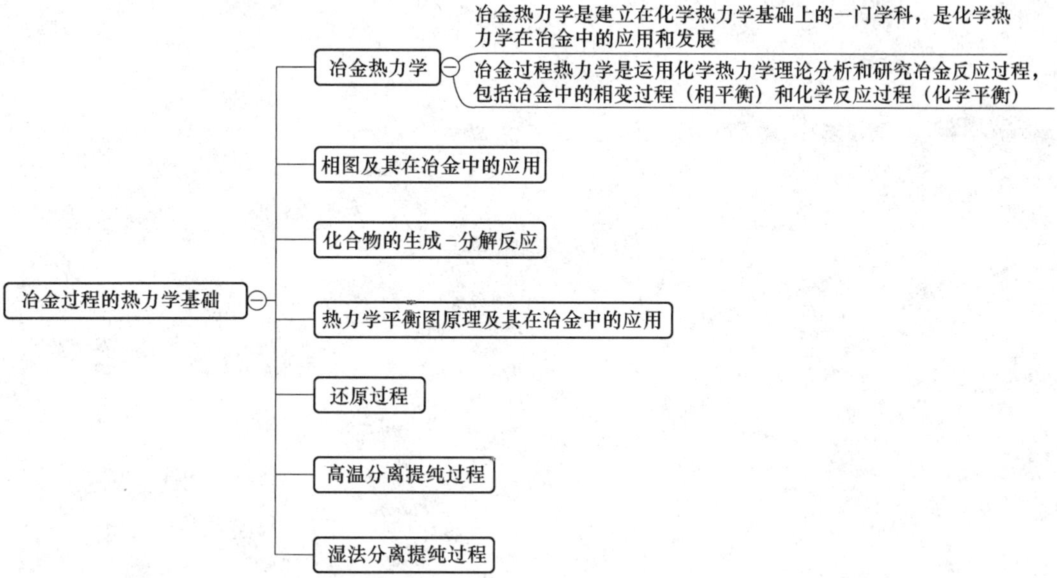

总体要求

（1）了解冶金熔体的基本概念和特点；理解三元系相平衡图（初晶面，划分三角形，平衡线、平衡点的性质，冷却过程分析，等温截面图），要求能够熟练的进行冷却过程分析，会根据相图选择合理的熔体成分。

（2）了解热力学的性质和应用，严格与动力学性质相区分。

（3）掌握吉布斯自由能图的构筑和应用方法、图中线的斜率的变化规律，会计算化合物的分解压。

（4）掌握绘制热力学平衡的方法，能够熟练的绘制 Me-O 系、Me-O-S 系的平衡图、电势-pH 图，会举一反三建立其他体系的平衡图，如 Me-Cl-O 系等；并能用来初步解决具体问题，如解释冶金现象、选择工艺条件等。

（5）掌握碳的燃烧反应，特别是布多尔反应的平衡关系，掌握氢的燃烧反应及 C-H-O

系的平衡，会进行平衡计算并建立变价金属氧化物用 CO、H_2 和 C 还原的平衡图；明确熔渣中金属氧化物的还原的对比关系；理解真空还原、金属热还原的热力学原理。

（6）掌握不同标准状态的换算关系，并会运用活度进行精炼过程的平衡计算，了解熔析精炼、凝析精炼和区域熔炼的基本原理。

（7）掌握湿法冶金过程分离提纯的基本原理；会计算分离提纯过程的控制条件。

6 相图及其在冶金中的应用

6.1 知识梳理

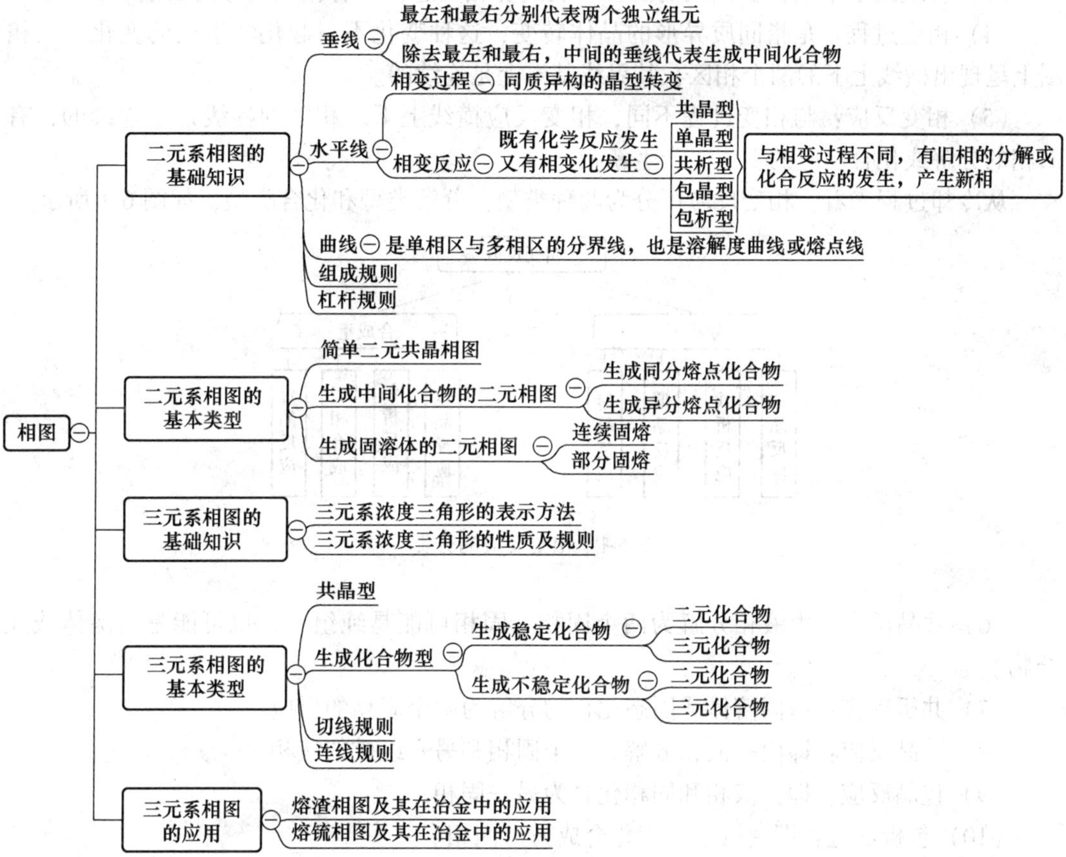

6.2 基本要求及主要内容

6.2.1 基本要求

（1）了解三元系相图的表示方法及其主要规则。

（2）了解典型三元系相图的基本类型，明确各类三元系相图中点、线、面的含义。（重点）

（3）能熟练运用背向规则、直线规则、重心规则、组成规则等分析三元系相图中物系点的冷却过程。（重点、难点）

（4）理解并掌握切线规则，能熟练运用。

（5）了解冶金过程中常见的一些二元或三元系相图。

6.2.2　主要内容

6.2.2.1　二元系相图中线的含义

（1）曲线：是单相区与多相区的分界线，也是溶解度线。当两相区曲线为液相线时，也是熔点线。

（2）垂直线：表示二组元生成化合物。这种化合物分为稳定和不稳定两种。

（3）横线或水平线：在横线的温度下表示有相变过程或有相变反应的发生。

（4）相变过程：是指同质异形的晶体转变，这种变化不引起化学组成的变化。在相图上呈现出横线上下的两个相区，其界线基本上是连续的。

（5）相变反应：与相变过程不同，相变反应横线上下二相区的界线是不连续的，有旧相的分解或化合反应的发生，产生新相。

从冷却过程来看，相变反应可分为两种类型：分解类型和化合类型，如图 6-1 所示。

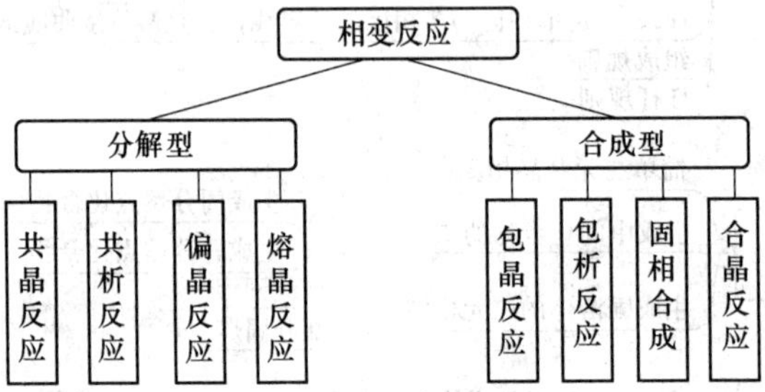

图 6-1　相变反应的分类

（6）共晶反应：由液相分解为两个固相。固相可能是纯组元，也可能是固溶体或化合物。

（7）共析反应：由固溶体或固态化合物分解为两个固相的反应。

（8）单晶反应：即由一液相分解为一个固相和另一组成的液相。

（9）包晶反应：即由液相和固相化合为另一固相。

（10）包析反应：即由两个固相化合成另一固相。

6.2.2.2　二元系相图的基本类型

二元系相图有三个基本类型：

（1）简单低共熔型二元系相图；

（2）含有中间化合物的二元系相图；

（3）含固溶体的二元系相图。

6.2.2.3　三元系相图

对凝聚体系而言，$f = C - \Phi + 1 = 4 - \Phi$。

A　三元系的表示方法

为了表示三元系的组成，通常用浓度三角形法表示。该方法分为吉布斯浓度三角形法和罗策布三角形法。组成的浓度可以用质量百分比或摩尔分数或摩尔百分数来表示。

(1) 吉布斯浓度三角形法。吉布斯浓度三角形为等边三角形。由等边三角形内任意一点作垂线，三条垂线之和等于三角形的高。将其每边对应的高等分 100 份，则每份是 1%，三角形每个顶点的浓度是 100%，顶点浓度为 100，即纯组元。

(2) 罗策布浓度三角形法。罗策布浓度三角形也是等边三角形。由等边三角形内任意一点作三条边的平行线，按顺时针（或逆时针）方向读取平行线在各边所截取之三条线段，三条线段之和等于该等边三角形任一边之长，即为常数。把三角形每一边分为 100 等份，每一等份代表 1%浓度，每个顶点浓度为 100%，即纯组元。

B 浓度三角形的性质及规则

(1) 等含量规则：在浓度三角形 *ABC* 中任取一直线，当该直线平行于三角形中某一边时，则在该直线上任意一点对应顶点组元的浓度均相等。

(2) 定比例规则：通过浓度三角形顶点到对边的任意直线。如图 6-2 所示直线，*AP* 线上任一点，每点的 B、C 含量之比值均相等。

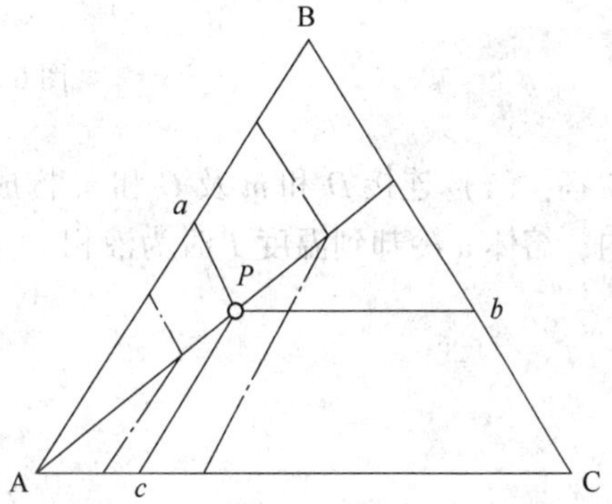

图 6-2 定比例规则

(3) 直线规则：新物系点必落在原体系点连线上，该点至原体系点的距离和原体系点的量成反比。

(4) 背向规则：液相组成向远离析出组元的方向变化。

(5) 重心规则：直线规则的延伸。所谓重心规则是指在浓度三角形 *ABC* 中，当物系点 *E*、*D* 和 *F* 构成一个新物系点 *M* 时，则 *M* 必定落在三角形 *DEF* 的“重心”上，此“重心”为物理重心。

(6) 交叉位置规则

第一种情况：*M* 点位于△*DEF* 内。

第二种情况：*M* 点位于△*DEF* 外（交叉位和共轭位）。

C 三元系相图的基本类型

(1) 简单三元共晶相图。

(2) 生成二元化合物的三元系相图。

(3) 生成三元化合物相图，其中三元化合物分为：

1) 稳定化合物：熔融时产生液相的组成与化合物组成完全相同的化合物，具有确定的熔点。

2) 不稳定化合物：化合物发生相变时，生成的异相成分与原成分不同。

6.3 例题分析

6-1 在所给的 A-B-C 三元系相图中（图 6-3），说明组成为 a 的熔体冷却到温度 *T* 时的相组成及相对量。(辅助线请用虚线画出)

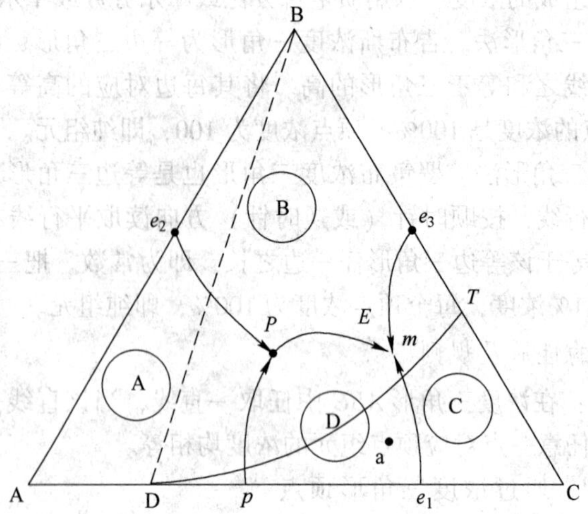

图 6-3 三元系相图

答：(1) 连接 D 和 m 及 C 和 m 构成三角形 DmC（图 6-4），熔体 a 处于三角形 DmC 之内，熔体 a 冷却到温度 T 时为液相 L_m 和固相 D 及固相 C 三相平衡。

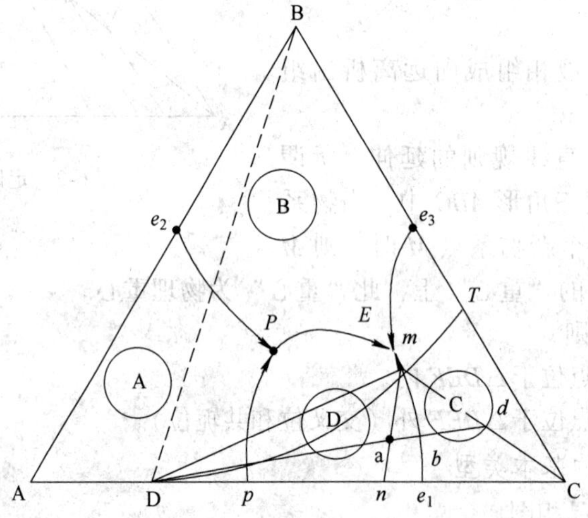

图 6-4 三元系相图

(2) 再连接 D 和 a 交 Ee_1、Cm 于 b、d 两点，熔体 a 冷却到温度 T 时的固相 D 和固相 C 及液相 L_m 的相对量为：

$$W(\mathrm{s}) = \frac{ad}{Dd} \times 100\% = \frac{14.5}{46.5} \times 100\% = 31.2\%$$

$$W(\mathrm{l}) = \frac{Da}{Dd} \times 100\% = \frac{32}{46.5} \times 100\% = 68.8\%$$

或者连接 ma 延长交 AC 于 n，熔体 a 冷却到温度 T 时的固相 D 和固相 C 及液相 L_m 的相对量为：

$$W(\mathrm{s}) = \frac{an}{mn} \times 100\% = \frac{4}{13} \times 100\% = 30.8\%$$

$$W(\mathrm{l}) = \frac{am}{mn} \times 100\% = \frac{9}{13} \times 100\% = 69.2\%$$

6-2 在三元系相图分析中，何为切线规则？

答：切线规则是指过界线上任一点作切线与相应的连线相交，如果交点在连线上，则此界线在该处具有低共熔性质，属于共晶线；如果交点在连线的延长线上，则界线在该处具有转熔性质，属于包晶线。因此，在三元相图分析中，运用切线规则来判断界限的性质。

6-3 对于三元系相图，如果无变点处于所在 3 个物系点形成的三角形之内，则无变点为包晶点。此说法是否正确？

答：此说法不正确。若无变点处于所在 3 个物系点形成的三角形之内，则无变点为共晶点；若无变点处于所在 3 个物系点形成的三角形之外，则无变点才为包晶点。

6-4 相律的内容是什么？简述相律在冶金热力学中应用，举例说明。

答：相律是多组分平衡体系中最基本的规律，它描述了体系的自由度与相数、独立组元数及外界影响因素之间的关系，其数学表达式为 $f = C - \Phi + 2$。相律在热力学平衡图中可以确定平衡图中各稳定区域、平衡线及交点上凝聚态化合物的种类数。如热力学平衡图中三组分系统，点上自由度为 0，能够稳定存在的凝聚相物种数为 4；线上自由度为 1，能够稳定存在的凝聚相物种数为 3；而面上自由度为 2，能够稳定存在的凝聚相物种数为 2。

6-5 如图 6-5 所示的三元系相图：

（1）说明组成为 a、b、c 的熔体冷却终点分别在何处；

（2）说明图中自由度为零的地方；

（3）分析物系点 a 完全凝固时的冷却过程（用步冷曲线表示）。（辅助线请用虚线画出）

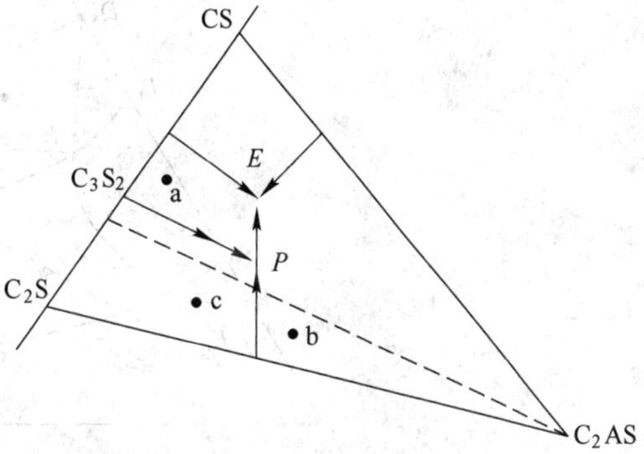

图 6-5 三元系相图

答：（1）组成为 a、b、c 的熔体冷却终点分别在点 E、P、P。

（2）自由度为零的地方是 E 点、P 点。

（3）物系点 a 完全凝固时的冷却过程用步冷曲线表示，如图 6-6 所示。

6-6 如图 6-7 所示的三元系相图，D_1、D_2 两个二元化合物，试回答下列问题：

（1）指出物质 A、B、C、D_1 和 D_2 各自的初晶区；

（2）指出点 P_1、P、E_1 的性质及线 P_1P 的相平衡关系；

（3）指出 ΔAD_1D_2 及 ΔCD_1D_2 内任意物系点冷却过程的终点分别在何处？并分析物系点 a 完全凝固时的冷却过程（用步冷曲线表示）。（辅助线请用虚线画出）

答：（1）各物质的初晶区如下：

A— $Ae_1E_2e_3A$，B— $Be_2E_2e_1B$，C— CP_1PP_2C，D_1— $P_1e_3E_1PP_1$，D_2— $P_2PE_1E_2e_2P_2$。

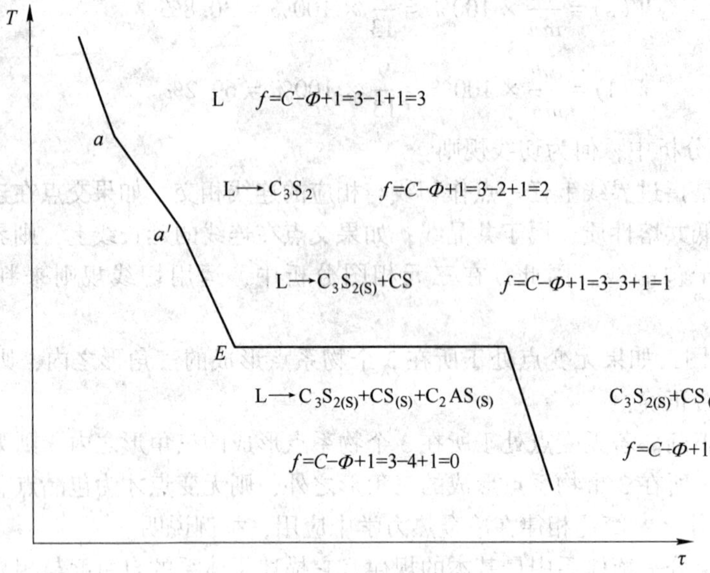

图 6-6　步冷曲线

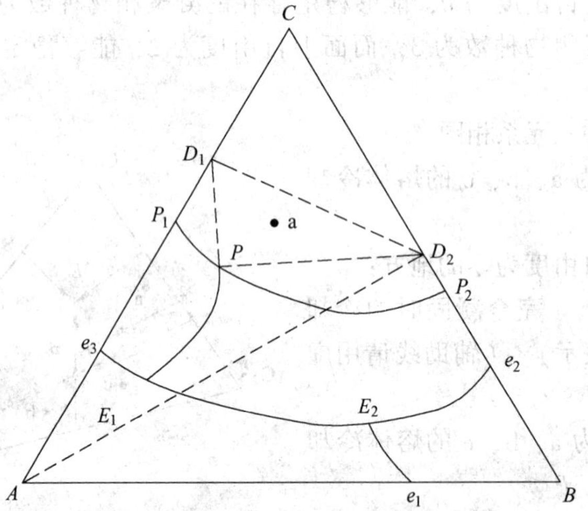

图 6-7　三元系相图

(2) 点 P_1—二元包晶点，$L + \mathrm{C} \Leftrightarrow \mathrm{D}_1$；

点 P—三元包晶点，$L + \mathrm{C} \Leftrightarrow \mathrm{D}_1 + \mathrm{D}_2$；

点 E_1—三元共晶点，$L \Leftrightarrow \mathrm{A} + \mathrm{D}_1 + \mathrm{D}_2$；

线 P_1P—二元包晶线，其相平衡关系为 $l + \mathrm{C} \Leftrightarrow \mathrm{D}_1$。

(3) ΔAD_1D_2 内任意物系点冷却过程的终点在 E_1；ΔCD_1D_2 内任意物系点冷却过程的终点在 P。

物系点 a 完全凝固时的冷却过程分析如下：

连接 Ca，交线 P_2P 于点 a'。步冷曲线如图 6-8 所示。

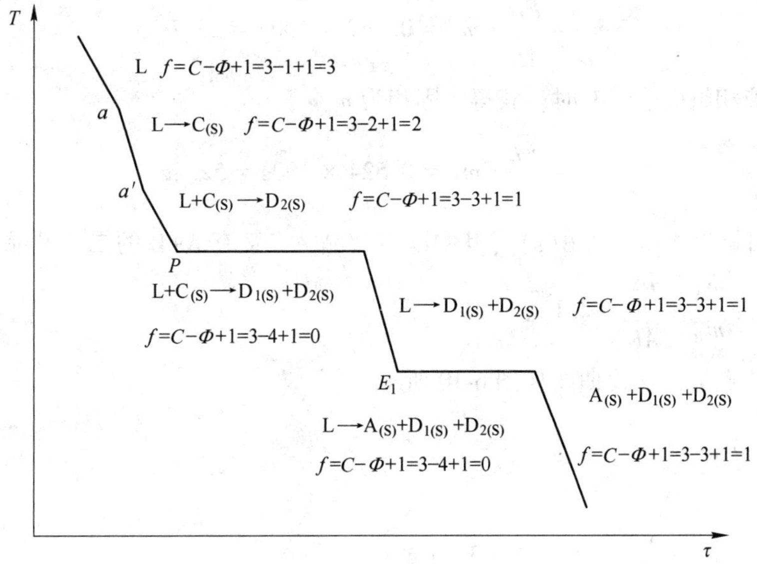

图 6-8　步冷曲线

6-7　已知图 6-9 中 F 点表示 A-B-C 三元的熔体质量为 m_F，其值为 100g。试分别回答以下的三个问题。

（1）能获得多少一次结晶出的 A？

（2）在二次结晶过程，液相组成变化为 $H\rightarrow L$，当液相组成达到 L 时，获得多少固相，其固相由什么组成，其组成为多少？

（3）用步冷曲线绘出系统点 F 的冷却过程。

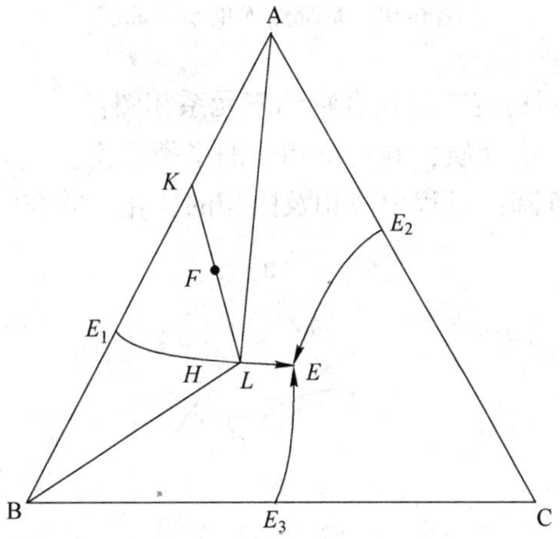

图 6-9　三元系相图

解：(1) 当液相组成点由 $F\rightarrow H$ 时，析出的全部是 A，正好到 H 点时，所得 A 的量即为所可能得到的全部初晶 A 量。

依据杠杆规则，所得 A 的质量 m_A 与 m_F 关系为：

$$m_A = \frac{\overline{FH}}{\overline{AH}} \cdot m_F = 0.267 \times 100g = 26.7g$$

（2）当液相组成达到 L 时，获得的固相为 m_K：

$$m_K = \frac{\overline{FL}}{\overline{KL}} \cdot m_F = 0.524 \times 100g = 52.4g$$

这时的固相为 A(s) 和 B(s)（其中既有初晶 A，又有 A+B 的二元共晶），此时，固相系的组成为：$\frac{m_A}{m_B} = \frac{\overline{BK}}{\overline{AK}} = 2.1$。

（3）系统点 F 的步冷曲线如图 6-10 所示。

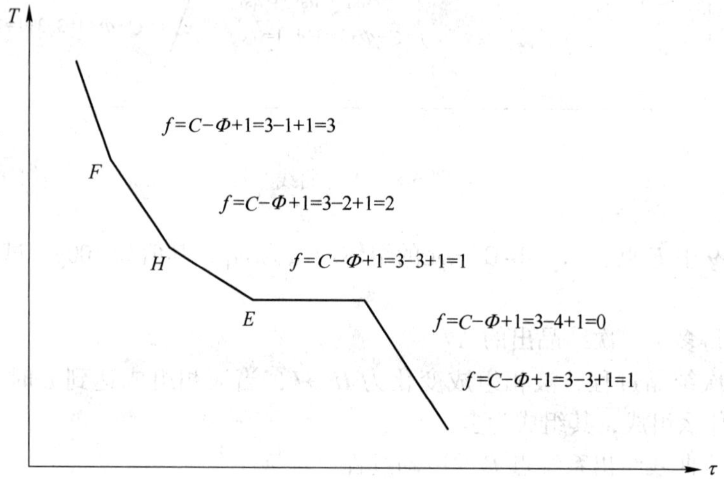

图 6-10　系统点 F 的步冷曲线

6-8　图 6-11 是具有一个不稳定二元化合物的三元系相图：

（1）判断 E 点和 P 点的性质，并写出相应的平衡反应；

（2）分析 m 点在温度降低过程中液相及固相的变化，并在图中标出结晶路线。

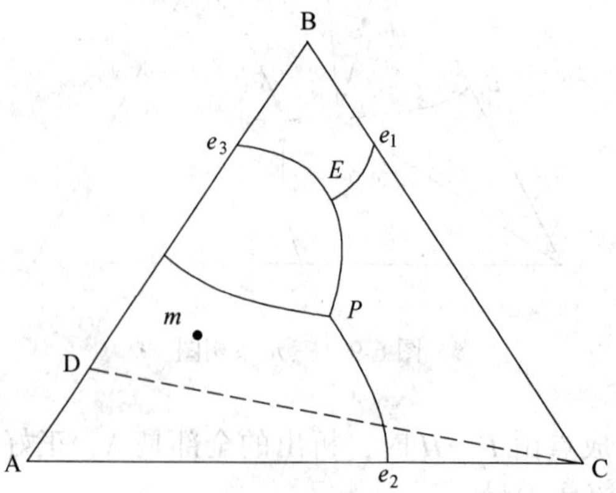

图 6-11　具有一个不稳定二元化合物的三元系相图

答：(1) E 点是低共熔点：$L_E = B + C + D$

P 点是转熔点：$L_P + A = C + D$

(2) m 点在温度降低过程中液相及固相的变化如下：

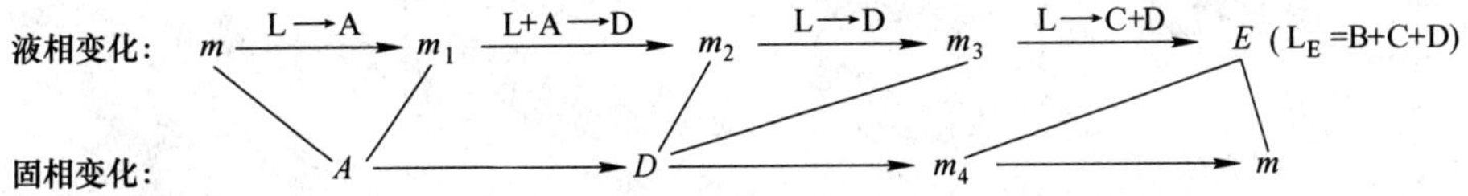

结晶路线如图 6-12 所示。

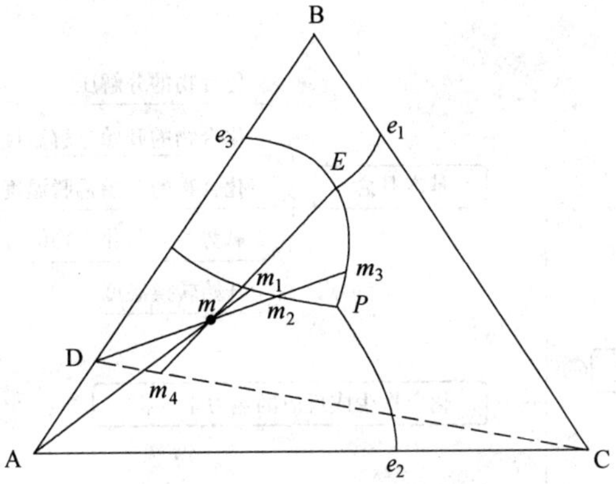

图 6-12 m 点的结晶路线

7 化合物的生成-分解反应

7.1 知识梳理

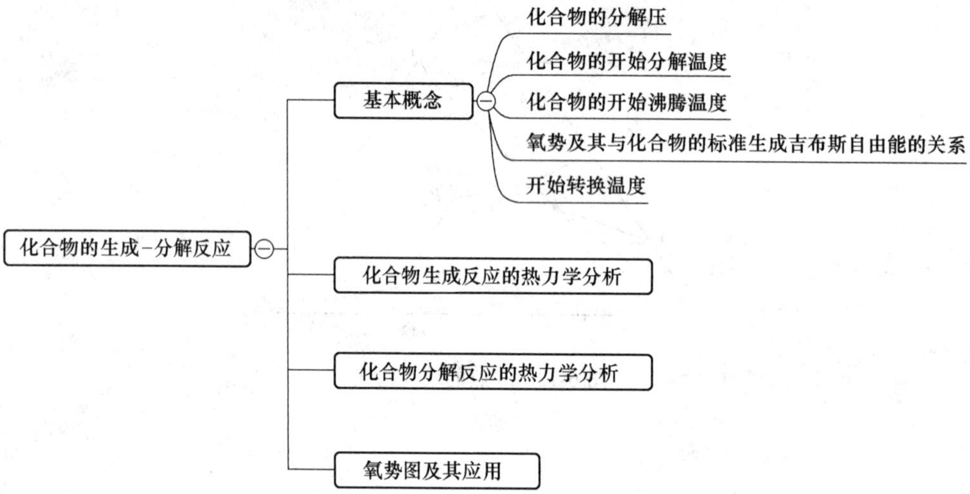

7.2 基本要求及主要内容

7.2.1 基本要求

(1) 了解化合物分解的一些基本概念：分解压，分解温度，氧势的定义等。(重点)

(2) 理解化合物生成反应的热力学分析。(重点)

(3) 理解并掌握化合物分解反应的热力学分析。(重点)

(4) 理解氧势，了解氧势图的绘制方法并掌握其应用。

7.2.2 主要内容

(1) 氧势：氧化物 M_xO_y 的氧势代表了氧从氧化物 M_xO_y 中逃逸出来的能力，其值由数学表达式 $RT\ln\frac{p_{O_2,\ M_xO_y}}{p^\ominus}$ 求得。

(2) 分解压：是指化合物在高温下或一定真空条件下能分解（或离解）产生金属和一种气体，或产生一种简单化合物和一种气体，当分解反应达到平衡时，此时气体的平衡压力称为该化合物在相应温度下的分解压。

(3) 化合物的开始分解温度：是指当化合物的分解压与系统中同组分气体的分压相等，超过该温度则化合物将开始分解。对应的这个温度就称为开始分解温度。

(4) 化合物的开始沸腾温度：是指当化合物的分解压与气相的总压相等，以致分解反应急剧进行时对应的温度，就称为开始沸腾温度。

7.3 例题分析

7-1 金属硫化物可以用加热分解的方法获得金属吗？

答：金属硫化物不能通过加热分解的方法获取金属。但金属硫化物能够通过氧化的方法获取金属。

7-2 氧化物的分解压与其稳定性有什么关系？

答：氧化物分解压的大小反映了氧化物稳定性的大小，分解压越大，则此氧化物的越不稳定，越易分解析出金属。

7-3 将化合物加热到其分解压大于环境气氛中相同气体的实际分压时，化合物才能分解。这种说法是否正确？请说明理由。

答：正确，化合物的分解压 P_1 大于环境气氛中实际分压 P_2 时，由化学反应等温方程式可知：

$$\Delta G = \Delta G^{\ominus} + RT\ln J = -RT\ln K^{\ominus} + RT\ln J = RT\ln\frac{J}{K^{\ominus}} = KT\ln\frac{P_2}{P_1} < 0$$，则化合物向着分解的方向进行。

7-4 何谓氧化转化温度或开始还原温度？举例说明氧化转化温度在冶金过程中的应用。

答：处于一定氧势下的多元系统，当温度低于和高于某一温度 T 时，系统中物质的优先氧化顺序将发生变更，这个变更温度就称为“氧化转化温度（$T_{转}$）”。在 $T_{转}$ 温度以上，优先氧化的物质 B 可以作为还原剂将排序滞后的氧化物质 M 的氧化态物质（如 M_xO_y）还原，所以 $T_{转}$ 也可以叫作“B 还原 M_xO_y 的最低还原温度”。

氧化转化温度在冶金过程中的应用是非常多的，如火法冶金中固体碳还原金属氧化物的最低温度的确定，熔池中的选择性氧化（不锈钢冶炼的脱碳保铬问题）等。

7-5 对于系统(1) $2FeO(s) = 2Fe(s) + O_2$；

(2) $2(FeO) = 2[Fe] + O_2$；

分别加入 FeO、O_2 对 FeO 的离解压有无影响？请用相律说明原因。

答：对于系统 (1) $2FeO(s) = 2Fe(s) + O_2$，其自由度 $f = (3-1)-3+2 = 1$，为单变量系统。故在温度一定时，FeO 的离解压为定值，不会受 FeO、O_2 量的影响。

对于系统 (2) $2(FeO) = 2[Fe] + O_2$，其自由度 $f = (4-1)-3+2 = 2$ 为多变量系统。在温度一定时，FeO 的离解压还会受渣中 FeO 含量的影响，增加氧分压亦会增大渣中 FeO 含量，故平衡氧分压会改变。

7-6 比较 $MnCl_2$、$FeCl_2$、$CoCl_2$、$NiCl_2$ 在 1000K 时的稳定性。

已知各氯化物的离解压方程式为：

$$MnCl_2 = Mn(s) + Cl_2 \quad \lg(P_1/P^{\ominus}) = -\frac{52983}{T} + 10.45$$

$$FeCl_2 = Fe(s) + Cl_2 \quad \lg(P_2/P^{\ominus}) = -\frac{34447}{T} + 7.66$$

$$CoCl_2 = Co(s) + Cl_2 \quad \lg(P_3/P^{\ominus}) = -\frac{36938}{T} + 15.60$$

$$NiCl_2 = Ni(s) + Cl_2 \quad \lg(P_4/P^{\ominus}) = -\frac{36733}{T} + 17.61$$

解：计算出 1000K 时的各反应的 $\lg(P_i/P^{\ominus})$ 及 $P_i/P^{\ominus}$ 值如下：

$$\lg(P_1/P^{\ominus}) = -42.53 \qquad P_1/P^{\ominus} = 2.95\times 10^{-43}$$
$$\lg(P_2/P^{\ominus}) = -36.79 \qquad P_2/P^{\ominus} = 1.62\times 10^{27}$$
$$\lg(P_3/P^{\ominus}) = -21.34 \qquad P_3/P^{\ominus} = 4.57\times 10^{22}$$
$$\lg(P_4/P^{\ominus}) = -19.12 \qquad P_4/P^{\ominus} = 7.59\times 10^{20}$$

因为平衡时 $P_1/P^{\ominus} < P_2/P^{\ominus} < P_3/P^{\ominus} < P_4/P^{\ominus}$，离解压越小的物质越稳定。

所以上述各氯化物稳定性递增的次序是：$NiCl_2$<$CoCl_2$<$FeCl_2$<$MnCl_2$。

7-7 在 Ellingham 图上，为什么形成 CO 的曲线的斜率为负值，而一般的斜率为正值？

答：

$$2C+O_2 = 2CO$$

$$\Delta S^{\ominus} = 2S^{\ominus}_{CO} - S^{\ominus}_{O_2} - 2S^{\ominus}_{C} \approx 2S^{\ominus}_{CO} - S^{\ominus}_{O_2} > 0$$

所以

$$-\Delta S^{\ominus} < 0$$

所以 $\Delta G^{\ominus}$-T 曲线的斜率小于零。

同理可以证明一般反应的 $\Delta G^{\ominus}$-T 曲线的斜率大于零。

7-8 衡量化合物稳定性的标准参数有哪些？

答：在冶金中化合物稳定性是相对的，比较其稳定性时首先选择化合物稳定性的标准或依据。一般利用化合物标准生成吉布斯自由能 $\Delta_r G^{\ominus}_m$ 来判断，其值最小者最稳定。

（1）对于同种金属元素或其化合物形成不同的复合化合物，应将该元素或化合物的物质的量取相同的值，再根据他们的 $\Delta_r G^{\ominus}_m$ 来判断；

（2）对不同元素与同类非金属元素如氧、硫、碳等生成的化合物，其中，反应的气体物应取 1mol 作为反应的基准，处于标准态下，$\Delta_r G^{\ominus}_m = RT\ln P_{O_2}$，相应地利用氧势、硫势等大小来判断化合物的稳定性；

（3）利用同类型化合物如氧化物、硫化物、碳酸盐等的分解压来判断；

（4）同种金属价态不同化合物，从高价到低价，其稳定性增加。

综上所述，判断化合物稳定性一般可用标准生成吉布斯自由能、分解压、氧势或硫势。

7-9 将 $CaCO_3$(s) 置于总压 p = 100kPa、CO_2 体积分数 φ = 12% 的气氛中。试计算 $CaCO_3$ (s)的开始分解温度 $T_{开}$（$CaCO_3$）和化学沸腾温度 $T_{沸}$（$CaCO_3$）。已知 $CaCO_3$（s）的分解反应及分解压与温度的关系式为：

$$CaCO_3(s) = CaO(s) + CO_2(g) \quad \lg(p_{CO_2}/p^{\ominus}) = -8908/T + 7.53$$

解：计算气氛中 CO_2 的分压为：

$$p_{CO_2} = p\times\varphi_{CO_2} = 10^5\times 12\% = 12\text{kPa}$$

将 $p_{CO_2}=12kPa$ 代入已知热力学函数式中，计算 $CaCO_3(s)$ 的开始分解温度为：

$$T_{开}(CaCO_3)=\frac{-8908}{\lg(p_{CO_2}/p^{\ominus})-7.53}$$
$$=\frac{-8908}{\lg(12\times10^3/10^5)-7.53}$$
$$=1054K$$

将 $p_{CO_2}=p=100kPa$ 代入已知热力学函数式中，计算 $CaCO_3(s)$ 的化学沸腾温度为：

$$T_{沸}(CaCO_3)=\frac{-8908}{\lg(p_{CO_2}/p^{\ominus})-7.53}$$
$$=\frac{-8908}{\lg(10^5/10^5)-7.53}$$
$$=1183K$$

7-10 在 C-CO-CO_2 体系中有反应 $C+CO_2=2CO$，如果在 705℃ 放入碳酸钙，试问此时 $CaCO_3$ 能否分解？

已知：$C+CO_2 = 2CO \qquad \Delta G^{\ominus}=162790-167.8T(J)$

$$CaCO_3 = CaO+CO_2 \qquad \lg\frac{p_{CO_2}}{p^{\ominus}}=-\frac{8920}{T}+7.54$$

解：如果放入体系内的 $CaCO_3$ 的分解压大于体系内 CO_2 的分压，即 $p_{CO_2(CaCO_3)}\geqslant p_{CO_2}$，则 $CaCO_3$ 可在此条件下分解。

答：（1）求 $p_{CO_2(CaCO_3)}$

$$\lg\frac{p_{CO_2}}{p^{\ominus}}=-\frac{8920}{T}+7.54$$
$$=-8920/978+7.54$$
$$=-1.58$$

所以，$p_{CO_2(CaCO_3)}=2.664kPa$

（2）体系内 p'_{CO_2} 分压

由 $C+CO_2=2CO$，$K_p=\frac{p^2_{CO}}{p_{CO_2}}$

$$\lg K_p=\frac{-162790}{2.303\times8.314\times978}+\frac{167.8}{2.303\times8.314}=0.07$$

所以，$K_p=1.18$

将 K_p 值代入有：$1.18=\frac{(1-p'_{CO_2})^2}{p_{CO_2}}$

解此方程得：$p'_{CO_2}=35.86kPa$

由于体系内 $p'_{CO_2}\geqslant p_{CO_2(CaCO_3)}$，所以在题给条件下 $CaCO_3$ 不会分解。

7-11 在温度 $T=1900K$ 和总压 $p=10^5 Pa$ 的条件下，用氩气对成分为 $w_{[C]}=0.10\%$、$w_{[Cr]}=1.50\%$、$w_{[Mn]}=1.00\%$ 的钢液进行炉外精炼。为使成品钢中氮的质量分数 $w_{[N]}\leqslant 0.005\%$，试求氩气中允许残存的氮气的最大分压。

已知铁液中组元活度相互作用系数为 $e_N^N=0$、$e_N^C=0.13$、$e_N^{Cr}=-0.047$、$e_N^{Mn}=-0.021$，氮在铁液中的溶解反应及其标准平衡常数与温度的关系式为：

$$\frac{1}{2}N_2=[N],\ \lg K_N^{\ominus}=-\frac{518}{T}-1.063$$

解：设满足 $w[N]\leqslant 0.005\%$ 条件的氩气中允许残存的最大分压为 P_{N_2}，计算氮在铁液中的溶解反应在 1900K 时的标准平衡常数为：

$$\lg K_N^{\ominus}=-\frac{518}{1900}-1.063=-1.3356$$

$$K_N^{\ominus}=0.04617$$

根据已知条件计算铁液中的氮的活度系数为：

$$\begin{aligned}\lg f_{[N]\%}&=e_N^N\cdot[w[N]]+e_N^C\cdot[w[C]]+e_N^{Cr}\cdot[w[Cr]]+e_N^{Mn}\cdot[w[Mn]]\\&=0\times 0.005+0.13\times 0.10-0.047\times 1.50-0.021\times 1.00\\&=-0.0785\end{aligned}$$

$$f_{[N]\%}=0.8346$$

氮在铁液中的溶解反应的标准平衡常数方程式为：

$$K_N^{\ominus}=\frac{a_{[N]\%}}{\sqrt{p_{N_2}/p^{\ominus}}}=\frac{f_{[N]\%}\cdot[w[N]]}{\sqrt{p_{N_2}/p^{\ominus}}}$$

将 $[w[N]]=0.005$、$f_{[N]\%}=0.8346$、$K_N^{\ominus}=0.04617$ 和 $p^{\ominus}=10^5\,Pa$ 代入上面方程式中，得：

$$0.04617=\frac{0.8346\times 0.005}{\sqrt{p_{N_2}/10^5}}$$

求解方程式可得氩气中允许残存的氮气的最大压力为：

$$\begin{aligned}p_{N_2}&=(0.8346\times 0.005/0.04617)^2\times 10^5\\&=8.169153\times 10^{-3}\times 10^5\\&=816.9153Pa\end{aligned}$$

7-12　黄铁矿烧渣中的锌是以 ZnO 和 $2ZnO\cdot SiO_2$ 形态存在，欲在 500K 用氯气氯化，使锌都转变成 $ZnCl_2$，试问炉气中氯氧比例关系至少为何值？计算结果说明什么？

已知：$2ZnO\cdot SiO_2(s)+2Cl_2 = 2ZnCl_2(s)+SiO_2(s)+O_2$　(1)

$$\Delta G_1^{\ominus}=-108242-49.78T\lg T+264.85T$$

$2ZnO(s)+2Cl_2 = 2ZnCl_2(s)+O_2$　(2)

$$\Delta G_2^{\ominus}=-144642-49.78T\lg T+262T$$

解：设凝聚相活度为 1。

对反应（1）来说，$T=500K$ 时，$\Delta G_1^{\ominus}=-42994J$

计算得：$K_1=3.1\times 10^4=(p_{O_2}/p^{\ominus})/(p_{Cl_2}/p^{\ominus})^2$

所以：　$(p_{Cl_2}/p^{\ominus})^2/(p_{O_2}/p^{\ominus})=3.23\times 10^{-5}$

同样对反应（2）来说，$T=500K$ 时，$\Delta G_2^{\ominus}=-80819J$，$K_2=2.77\times 10^8$

所以：　$(p_{Cl_2}/p^{\ominus})^2/(p_{O_2}/p^{\ominus})=3.6\times 10^{-9}$

计算结果表明，$2ZnO \cdot SiO_2$ 比 ZnO 难氯化，但只要满足 $(p_{Cl_2}/p^{\ominus})^2/(p_{O_2}/p^{\ominus}) > 3.23 \times 10^{-5}$，两种锌的化合物均可氯化。

7.4 测 试 题

7-1 什么是化合物的分解压？

答：化合物的分解压是指化合物在高温下或一定真空条件下能分解（或离解）产生金属和一种气体，或产生一种简单化合物和一种气体。当分解反应达到平衡时，此时气体的平衡压力称为该化合物在相应温度下的分解压。

7-2 什么是化合物的开始分解温度和开始沸腾温度？

答：化合物的开始分解温度是指当化合物的分解压与系统中同组分气体的分压相等，超过该温度则化合物将开始分解。对应的这个温度就称为开始分解温度。

化合物的开始沸腾温度是指当化合物的分解压与气相的总压相等，以致分解反应急剧进行时对应的温度，就称为开始沸腾温度。

7-3 氧化物吉布斯自由能图中，$2C+O_2 = 2CO$ 反应的 $\Delta G^{\ominus}$ 和 T 关系直线的斜率是负值。试解释其原因，这对高温冶金有什么意义？

答：对于氧化物吉布斯自由能图（氧势图）中直线的斜率即是该反应的斜率，由于 $2C+O_2 = 2CO$ 反应的 $\Delta G^{\ominus}$ 和 T 关系直线的斜率为该反应熵变的负值（$-\Delta S^{\ominus}$）。而 $\Delta S^{\ominus}_{298} = 2S^{\ominus}_{CO} - S^{\ominus}_{O_2} = 183J/(K \cdot mol)$，所以 $-\Delta S^{\ominus} < 0$。

对于高温冶金体系，该反应斜率为负值，说明在温度允许的范围内，该反应的 $\Delta G^{\ominus}$ 和 T 关系直线几乎与所有金属氧化物的 $\Delta G^{\ominus}$ 和 T 关系直线相交，即 CO 在温度允许范围内可以做任何金属氧化物的还原剂。

7-4 黄铁矿烧渣中铁以 FeO 和 Fe_2O_3 两种形态存在，欲于 500K 使它们均不被氯气氯化，试问炉气中 $(p_{Cl_2}/p^{\ominus})^2/(p_{O_2}/p^{\ominus})$ 值至少不高于何值？计算结果说明什么？

已知：
$$2Fe_2O_3(s) + 6Cl_2 = 4FeCl_3(s) + 3O_2 \quad (1)$$
$$\Delta G_1^{\ominus} = 40164 - 116.8T\lg T + 652.7T$$
$$2FeO(s) + 2Cl_2 = 2FeCl_2(s) + O_2 \quad (2)$$
$$\Delta G_2^{\ominus} = -162842 - 58.4T\lg T + 294.72T$$

答：略。

8 热力学平衡图原理及其在冶金中的应用

8.1 知识梳理

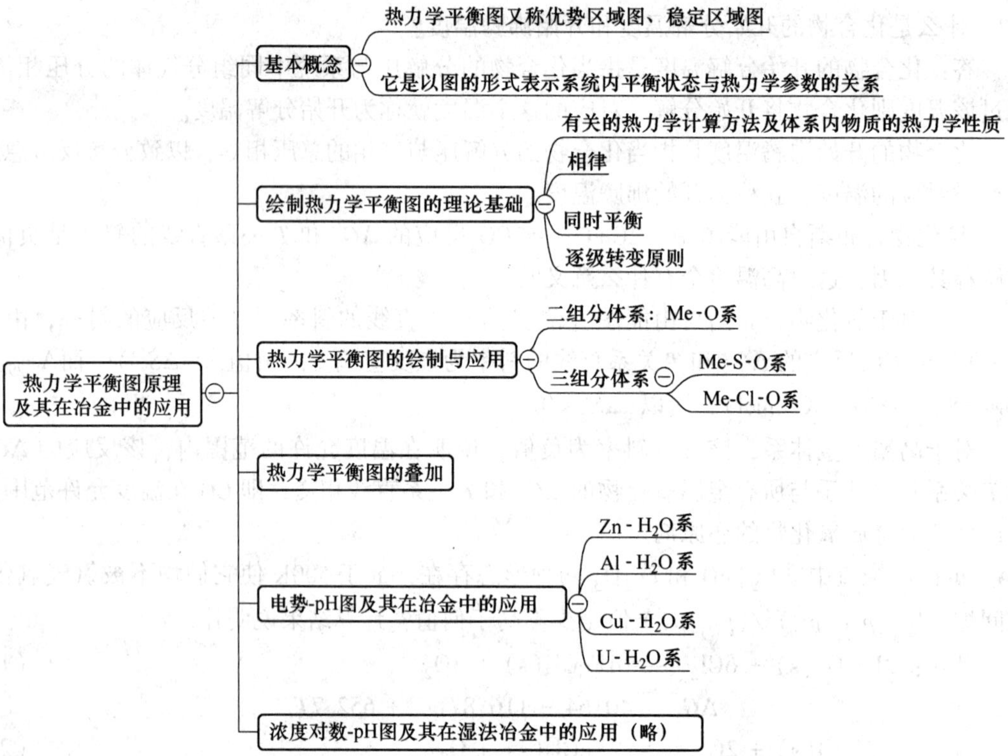

8.2 基本要求及主要内容

8.2.1 基本要求

（1）理解并掌握热力学平衡图，利用热力学平衡图分析各物质稳定存在的热力学条件。(重点)

（2）理解并掌握 Me-O 二元系热力学平衡图中点线面的含义，利用其分析金属氧化物的稳定态存在的条件及其在火法冶金中的应用，重点掌握 Fe-O 系热力学平衡图及其应用，同时掌握铁氧化物的分解顺序。

（3）理解并掌握 Me-S-O、Me-Cl-O 三元系热力学平衡图，利用其分析金属硫化物及金属氯化物稳定态存在的条件及其在冶金中的应用，重点掌握 Cu-S-O 系及 Ti-Cl-O 系热力学平衡图及其应用。

(4) 理解气相氧势和氧化物氧势的含义，同时理解气相氧势对氧化物分解的影响。(重难点)

(5) 了解硫化物的火法冶金：焙烧、造锍及锍的吹炼。

(6) 了解氧化物和硫化物的氯化的一般热力学原理。

(7) 理解并掌握 Me-H_2O 系的 ε-pH 图，利用其分析物质稳定存在的条件及其在金属氧化物浸出过程的热力学分析。(重难点)

(8) 理解并掌握金属-配位体-水系的 ε-pH 图，利用其分析物质稳定存在的条件，分析配位体对金属稳定存在的影响。(难点)

(9) 了解 Me-S-H_2O 系的 ε-pH 图，利用其分析物质稳定存在的条件及其在金属硫化物浸出过程的热力学分析。

8.2.2 主要内容

(1) 氧化焙烧：使硫化物转化为氧化物的焙烧。

(2) 硫酸化焙烧：使主金属转化成硫酸盐的焙烧。

(3) 直接熔炼：在一定氧势下使硫化物直接得到金属的焙烧。

(4) 氯化冶金：以氯化剂与冶金原料（含氧化矿或冶金中间产品、废渣等）作用，使其中有价元素由氧化物形态转化成氯化物的过程。

(5) φ-pH 图：在给定温度和组分的活度（浓度）或气体逸度（分压）下，表示电势（φ、ε）与 pH 值的关系图。

(6) 氧化物氧势：表示氧化物中氧逸出的趋势（氧化物的稳定性）。

$$\Delta G_{\mathrm{T}}^{\ominus} = RT\ln \frac{p_{O_2,\ M_xO_{y(x)}}}{p^{\ominus}}$$

(7) 气相氧势：表示气相氧化能力的大小。

$$\Delta G_{气相} = RT\ln \frac{p'_{O_2}}{p^{\ominus}}$$

8.3 例题分析

8-1 什么是热力学平衡图（优势区域图），绘制热力学平衡图应遵循的三大原理是什么，热力学平衡图对火法冶金和湿法冶金有何应用，对分析硫化矿的焙烧条件的控制有何指导？

答：(1) 热力学平衡图是以图的形式表示系统内平衡状态与热力学参数的关系。在绘制热力学平衡图的过程中，主要遵循相律、同时平衡原理和逐级转变原则。

(2) 根据热力学平衡图可以判断凝聚相物质稳定存在热力学区域，即热力学条件。由热力学平衡图可知，金属硫化物焙烧过程中，通过高温、高氧势的氧化焙烧后形成金属氧化物还原的方法获取金属；可以通过低温硫酸化焙烧浸出电解的方法获取金属；也可以通过高温焙烧浸出电解的方法直接获取金属。

8-2 什么是矿物浸出，氰化法提金的热力学原理是什么？

答：（1）矿物浸出就是利用适当的溶剂，在一定的条件下使矿石或精矿或焙烧矿中的一种或几种有价成分溶出，而与其中的脉石及杂质分离。

（2）氰化法提金的热力学原理是体系中有 CN^- 存在时，金的氧化还原电势处于水的稳定区内，在整个 pH 值范围内都能以络合物形态存在于水溶液中，因此可能被氧及氧化剂氧化而进入溶液。

8-3　利用热力学原理简述氧势图中各直线位置的意义。

答：氧势图中不同元素的氧化物与温度的关系构成斜率不同、位置高低不同的直线。根据直线位置可以判断：

（1）直线位置越低，则氧化物越稳定，越难被还原；

（2）同一温度下，几种元素同时与氧相遇，则位置低的元素最先氧化；

（3）位置低的元素在标准状态下可以将位置高的氧化物还原。

8-4　图 8-1 为温度 T 时 Me-S-O 系的平衡状态图，请写出直线 2 和 5 所代表平衡关系的反应式及平衡时的气相组成关系式。

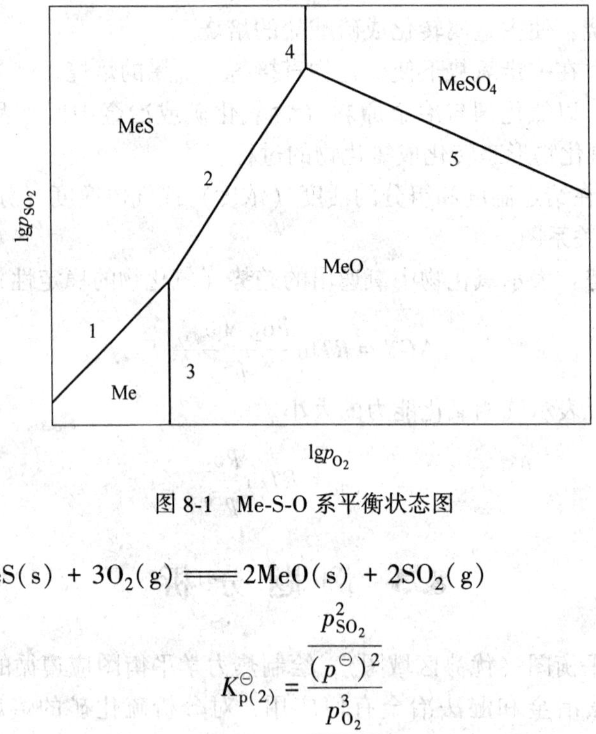

图 8-1　Me-S-O 系平衡状态图

答：线 2：$2MeS(s) + 3O_2(g) \xlongequal{} 2MeO(s) + 2SO_2(g)$

$$K^{\ominus}_{p(2)} = \frac{\dfrac{p^2_{SO_2}}{(p^{\ominus})^2}}{\dfrac{p^3_{O_2}}{(p^{\ominus})^3}}$$

两边同时取对数：$\lg K^{\ominus}_{p(2)} = 2\lg p_{SO_2} - 3\lg p_{O_2} + \lg p^{\ominus}$

$$\lg p_{SO_2} = \frac{3}{2}\lg p_{O_2} + \frac{1}{2}\lg K^{\ominus}_{p(2)} - \frac{1}{2}\lg p^{\ominus}$$

线 5：$2MeO(s) + 2SO_2(g) + O_2(g) \xlongequal{} 2MeSO_4(s)$

$$K^{\ominus}_{p(5)} = \frac{1}{\dfrac{p_{O_2}}{p^{\ominus}} \cdot \dfrac{p^2_{SO_2}}{(p^{\ominus})^2}}$$

两边同时取对数：$\lg K_{p(5)}^{\ominus} = -2\lg p_{SO_2} - \lg p_{O_2} + 3\lg p^{\ominus}$

$$\lg p_{SO_2} = -\frac{1}{2}\lg p_{O_2} - \frac{1}{2}\lg K_{p(5)}^{\ominus} + \frac{3}{2}\lg p^{\ominus}$$

8-5 硫化镍（Ni_3S_2）在总压为101325Pa，温度为1000K，气相组成范围是3%~10%O_2，3%~10%SO_2 的条件下进行焙烧，问所得焙烧产物应是什么？

已知：$NiO + SO_3 = NiSO_4 \quad \Delta G^{\ominus} = -248069 + 198.82T(J/mol)$

$2SO_2 + 1/2O_2 = SO_3 \quad \Delta G^{\ominus} = -94558 + 89.4T(J/mol)$

解：对于生成反应：$NiO + SO_3 = NiSO_4 \quad \Delta G^{\ominus} = -248069 + 198.82T(J/mol)$

$$\Delta G^{\ominus} = -RT\ln K_p = -248069 + 198.82T(J/mol)$$

得：$p_{SO_3(NiSO_4)} = 2.68 \times 10^3 Pa$

同样：$2SO_2 + 1/2O_2 = SO_3 \quad \Delta G^{\ominus} = -94558 + 89.4T(J)$

$$\lg K_p = \lg \frac{p_{SO_3}}{p_{SO_2} \cdot p_{O_2}^{\frac{1}{2}}} = \frac{94558 - 89.4 \times 1000}{19.146 \times 1000}$$

$$K_p = 1.84$$

$$p_{SO_3(炉气)} = K_p \cdot p_{SO_2} \cdot p_{O_2}^{\frac{1}{2}}$$

$$= 1.84 \times (0.03 \times 101325) \times (0.03 \times 101325)^{1/2} = 3.14 \times 10^5 Pa$$

因为：$p_{SO_3(炉气)} > p_{SO_3(NiSO_4)}$，焙烧产物是 $NiSO_4$。

8-6 某物料的主要组分为 ZnO 和 FeO，在浸出过程中采取什么措施可使两者分离？已知：在298K 的 $pH_{ZnO}^{\ominus} = 5.8$，$pH_{FeO}^{\ominus} = 6.8$。

答：在 Me-H_2O 体系内 $pH^{\ominus}$ 越大，则其氧化物越容易被浸出，由 $pH_{ZnO}^{\ominus} = 5.8$，$pH_{FeO}^{\ominus} = 6.8$ 可知，FeO 的 $pH^{\ominus}$ 值较大，因此要求 $pH<6.8$ 优先浸出 FeO；而 ZnO 的 $pH^{\ominus}$ 值较小，以固体形式与 FeO 分离；分离的 pH 值范围为：$5.8<pH<6.8$。

8-7 用 Al-H_2O 系电位-pH 图（图 8-2），分析铝土矿（$Al_2O_3 \cdot 3H_2O$）浸出可能的方法、条件及浸出离子反应式。

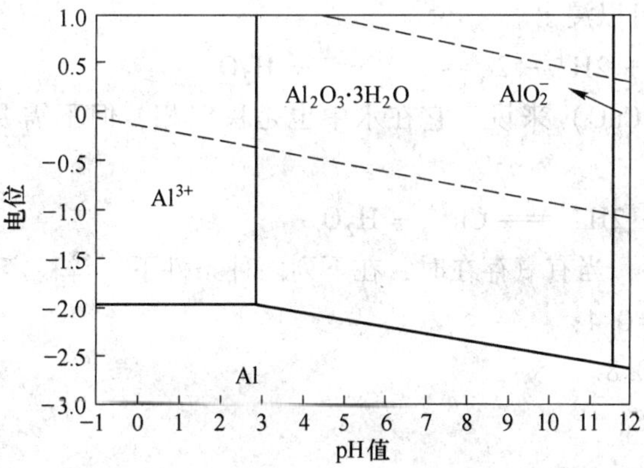

图 8-2 Al-H_2O 系电位-pH 图

解：由图 8-2 可见，在水稳定区内，Al^{3+}、Al_2O_3、AlO_2^- 可以与水平衡共存，能将

Al_2O_3 转化为 Al^{3+}或 AlO_2^- 的方法，均为铝土矿浸出的方法。所以可以采用酸浸，也可以采用碱浸。

（1）酸浸条件：除电位-pH 图绘制条件外，还应满足 pH < 3；

反应式为：$Al_2O_3 + 6H^+ \xlongequal{} 2Al^{3+} + 3H_2O$

（2）碱浸条件：除电位-pH 图绘制条件外，还应满足 pH > 11.5；

反应式为：$Al_2O_3 + 2OH^- \xlongequal{} 2AlO_2^- + H_2O$

8.4 测 试 题

8-1 用 $Cu\text{-}H_2O$ 系电位-pH 图（图 8-3），分析铜中氧化物 Cu_2O、CuO 浸出可能的方法、条件及浸出离子反应式。

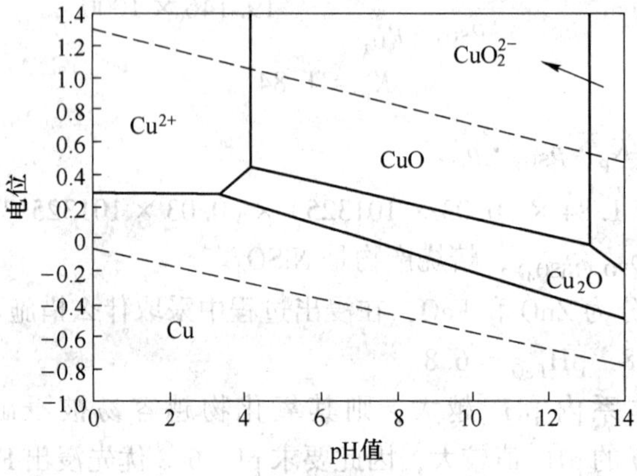

图 8-3 $Cu\text{-}H_2O$ 系电位-pH 图

解：（1）对赤铜矿（Cu_2O）来说，它在水中是稳定相，必须有氧化剂存在，且必须满足 pH < 3.95，才可以浸出。

反应式为：$Cu_2O + 2H^+ - 2e \xlongequal{} 2Cu^{2+} + H_2O$

（2）对黑铜矿（CuO）来说，它在水中也是稳定相，但不需要氧化剂，只要 pH < 3.95，即可浸出。

反应式为：$CuO + 2H^+ \xlongequal{} Cu^{2+} + H_2O$

8-2 对于 $ZnS\text{-}H_2O$ 系，当有氧存在时，在下列两种条件下，锌稳定存在的是什么形式？

（1）pH=−1，ε=0.4；

（2）pH=3，ε=0.8。

答：（1）Zn^{2+} + S；

（2）$Zn^{2+} + SO_4^{2-}$。

8-3 已知反应 $Cu_2O+FeS \xlongequal{} Cu_2S+FeO$ 的平衡常数与温度的关系式为：

$$\lg K_p = 108336/19.146T - 0.000074T$$

问在 1473K 温度下该反应进行的可能性？

答：$\lg K_p = 108336/19.146 \times 1473 - 0.000074 \times 1473$
$= 3.73 > 0$

所以反应可以进行。

8-4 金溶解于氰化物溶液中，形成稳定的 $Au(CN)_2^-$ 配合离子，其反应：

$$Au(CN)_2^- + e = Au + 2CN^-$$

已知：$\varepsilon^{\ominus}_{Au^+/Au} = 1.68V$，$Au(CN)_2^-$ 的 $K_d = 10^{-38}$，试求 298K 时的 $\varepsilon^{\ominus}_{Au(CN)_2^-/Au}$？

答：$Au(CN)_2^- + e = Au + 2CN^- \qquad \Delta G_1 = -RT\ln K_d$

$Au^+ + e = Au \qquad \Delta G_2 = -zFE$

得：$Au(CN)_2^- + e = Au + 2CN^- \qquad \Delta G_3 = -RT\ln K - zFE$

即 $-8.314 \times 298\ln 10^{-38} - 1 \times 96500 \times 1.68 = -zF\varepsilon^{\ominus}_{Au(CN)_2^-/Au}$

$$\varepsilon^{\ominus}_{Au(CN)_2^-/Au} = -0.566V$$

8-5 简述热力学优势图在冶金过程中有哪些实际应用，举例说明。

答：略。

9 还原过程

9.1 知识梳理

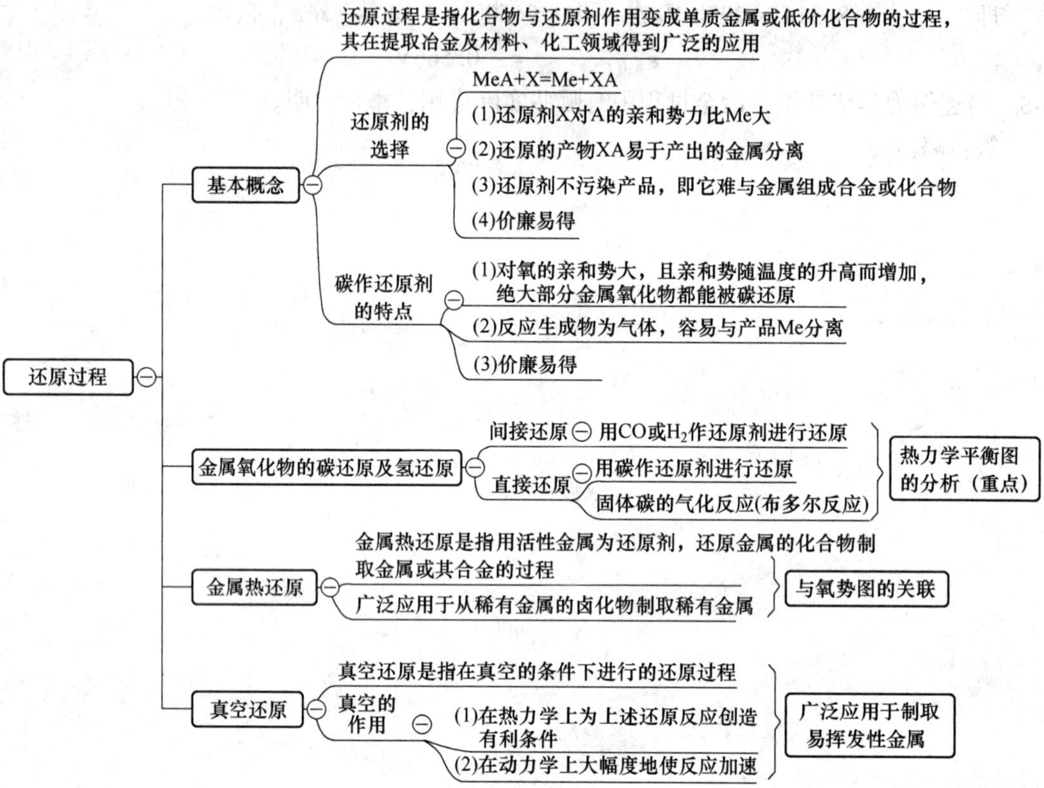

9.2 基本要求及主要内容

9.2.1 基本要求

（1）理解还原反应的特点及还原剂的基本要求。

（2）理解并掌握还原过程热力学分析。（重点）

（3）了解燃烧体系及其在冶金过程中所起的重要作用。

（4）会分析 C-O 系优势区图及其在还原反应中的应用。（重点）

（5）结合冶金实例分析氧化物还原的热力学条件及还原机理：气体还原剂还原、固体还原剂还原和金属热还原；并且了解 H_2 和 CO 作还原剂的特点。（重难点）

（6）了解 p_{CO}/p_{CO_2} 标尺及 p_{H_2}/p_{H_2O} 标尺对氢还原和碳还原的作用。

（7）学会判断氧化物或还原产物在不同状态下对还原过程的影响。（重难点）

（8）了解真空还原的热力学条件及其对还原过程的影响。

9.2.2 主要内容

（1）还原过程：是指化合物与还原剂作用变成单质金属或低价化合物的过程。

（2）金属热还原法：以活性金属为还原剂，还原金属氧化物或卤化物以制取金属或其合金的过程。

（3）真空还原：在真空的条件下（如 p 为 $10^{-3}p^{\ominus}$、$10^{-5}p^{\ominus}$ 或更低）进行的还原过程。

9.3 例题分析

9-1 什么是还原过程？C 和 H_2 可以作还原剂还原其他金属氯化物吗？CO 作还原剂还原溶液中的金属氧化物时，与同一温度下还原纯金属氧化物相比，还原过程进行的难易程度有何不同？还原温度对熔渣中氧化物还原有何影响？

答：（1）还原过程是指化合物与还原剂作用变成单质金属或低价化合物的过程。它在提取冶金及材料、化工领域得到广泛应用。

（2）不可以，由氯化物的 $\Delta G^{\ominus}$-T 关系式知，CCl_4 在所有氯化物最上边，$\Delta G^{\ominus}$ 最大，说明碳对氯的亲和力很弱，CCl_4 很不稳定，易分解，所以碳不能作为任何金属氯化物的还原剂；H_2 可以作 HCl 曲线以上的金属氯化物的还原剂，因为 HCl 生成曲线在 $\Delta G^{\ominus}$-T 曲线之间。

（3）CO 还原溶液中的金属氧化物时要比在同一温度下还原纯金属氧化物消耗较多的 CO，所以从溶液中还原金属氧化物要比还原纯金属氧化物困难。

（4）还原温度对熔渣中氧化物还原决定于热效应，熔渣中许多氧化物如 SiO_2、MnO、TiO_2 等的碳还原过程均为吸热反应，因此升高温度有利于这些氧化物的还原。

9-2 图 9-1 为 CO 还原铁的各级氧化物平衡曲线图。

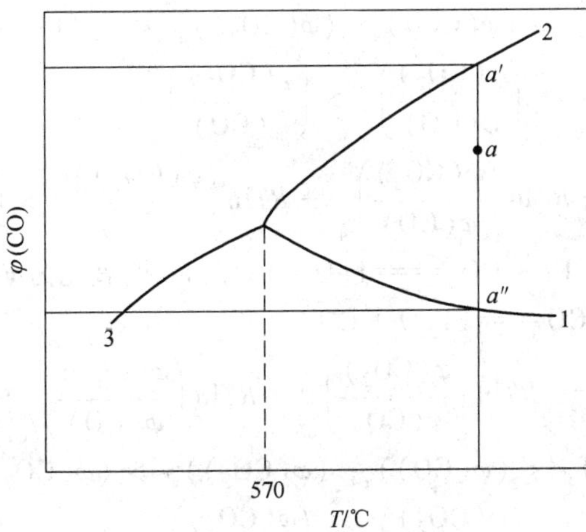

图 9-1　CO 还原各级铁氧化物平衡曲线图

回答下列问题：

（1）写出各曲线的反应方程式；

（2）在图上各区域内标出稳定存在的固相；

（3）在图中 a 点体系中放入铁，保持 a 点体系的温度及气相组成不变，分析体系中将有哪些反应发生，最终存在的固相物质是什么？

答：（1）曲线 1：$Fe_3O_4 + CO = 3FeO + CO_2$；

曲线 2：$FeO + CO = CO_2 + Fe$；

曲线 3：$1/4Fe_3O_4 + CO = 3/4Fe + CO_2$。

（2）见图 9-2。

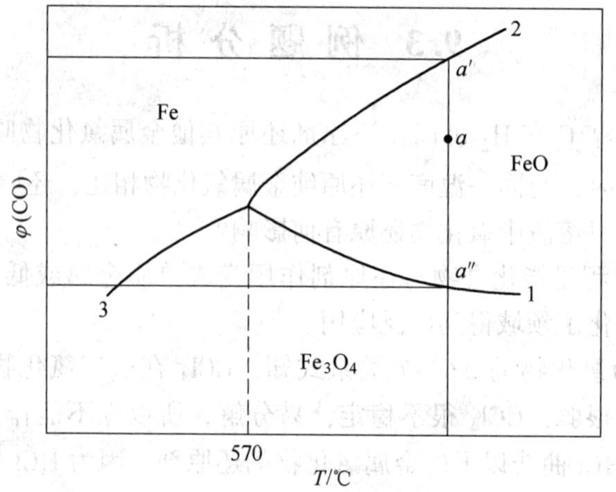

图 9-2　CO 还原各级铁氧化物平衡曲线图

（3）过 a 点作等温线，交曲线 2 于点 a'，交曲线 1 于点 a''，利用等温方程分析。

对于曲线 2：$FeO + CO = Fe + CO_2$

$$\Delta G = -RT\ln\left(\frac{\varphi(CO_2)}{\varphi(CO)}\right)_{a'} + RT\ln\left(\frac{\varphi(CO_2)}{\varphi(CO)}\right)_{a}$$

$$(\varphi(CO))_{a'} > (\varphi(CO))_{a};\ (\varphi(CO_2))_{a'} < (\varphi(CO_2))_{a}$$

$$\left(\frac{\varphi(CO_2)}{\varphi(CO)}\right)_{a} > \left(\frac{\varphi(CO_2)}{\varphi(CO)}\right)_{a'}$$

$$\Delta G = -RT\ln\left(\frac{\varphi(CO_2)}{\varphi(CO)}\right)_{a'} + RT\ln\left(\frac{\varphi(CO_2)}{\varphi(CO)}\right)_{a} > 0$$

发生曲线 2 的逆反应：$Fe + CO_2 = FeO + CO$，Fe 被氧化为 FeO。

对于曲线 1：$Fe_3O_4 + CO = 3FeO + CO_2$

$$\Delta G = -RT\ln\left(\frac{\varphi(CO_2)}{\varphi(CO)}\right)_{a''} + RT\ln\left(\frac{\varphi(CO_2)}{\varphi(CO)}\right)_{a}$$

$$(\varphi(CO))_{a''} < (\varphi(CO))_{a};\ (\varphi(CO_2))_{a''} > (\varphi(CO_2))_{a}$$

$$\left(\frac{\varphi(CO_2)}{\varphi(CO)}\right)_{a} < \left(\frac{\varphi(CO_2)}{\varphi(CO)}\right)_{a''}$$

$$\Delta G = -RT\ln\left(\frac{\varphi(CO_2)}{\varphi(CO)}\right)_{a''} + RT\ln\left(\frac{\varphi(CO_2)}{\varphi(CO)}\right)_{a} < 0$$

反应 1 的逆反应不可能发生，FeO 不会被进一步氧化为 Fe_3O_4。

体系最终稳定存在的固相物质是 FeO。

9-3 利用铝在真空下还原氧化钙，其反应为：

$$6CaO(s) + 2Al(l) =\!=\!= 3Ca(g) + 3CaO \cdot Al_2O_3(s)$$

$$\Delta_r G^\ominus = 659984 - 288.75T \ (J/mol)$$

求：(1) 若使反应能在 1200℃进行，需要多大的真空度？

(2) 若采用 10Pa 的真空度，求 CaO 被铝还原的开始温度；

(3) 在同样的真空度（10Pa）下，按下式：

$$3CaO(s) + 2Al(l) =\!=\!= 3Ca(g) + Al_2O_3(s) \qquad \Delta_r G^\ominus = 703207 - 261.94T \ (J/mol)$$

反应进行还原，试估计复合化合物的形成对还原的作用。

解：(1) 根据化学反应等温方程：

$$\Delta_r G = \Delta_r G^\ominus + RT\ln\left(\frac{p_{Ca(g)}}{p^\ominus}\right)^3 \leqslant 0$$

$$\lg p_{Ca(g)} \leqslant -\frac{\Delta_r G^\ominus}{3 \times 2.303RT} + \lg p^\ominus$$

得：

$$\lg p_{Ca(g)} \leqslant -\frac{659984 - 288.75 \times 1473}{3 \times 2.303 \times 8.314 \times 1473} + \lg 101325 = -2.773 + 5.006 = 2.233$$

$$p_T = p_{Ca(g)} \leqslant 171Pa$$

(2) 根据化学反应等温方程：

$$\Delta_r G = 659984 - 288.75T + RT\ln\left(\frac{p_{Ca(g)}}{p^\ominus}\right)^3$$

$$= 659984 - \left[288.75 - R\ln\left(\frac{p_{Ca(g)}}{p^\ominus}\right)^3\right]T \leqslant 0$$

$$T \geqslant \frac{659984}{288.75 - 3R\ln\left(\frac{p_{Ca(g)}}{p^\ominus}\right)} = \frac{659984}{288.75 - 3 \times 8.314\ln\left(\frac{10}{101325}\right)} = 1272K = 999℃$$

(3) 与 (2) 相类似

$$T \geqslant \frac{703207}{261.94 - 3R\ln\left(\frac{p_{Ca(g)}}{p^\ominus}\right)} = \frac{703207}{261.94 - 3 \times 8.314\ln\left(\frac{10}{101325}\right)} = 1429K = 1156℃$$

答：(1) 171Pa；(2) 999℃；(3) 1156℃，复合化合物的形成对还原更有利。

9-4 在真空中向含铬 18%、镍 9%的不锈钢吹氧，使含碳量降低到 0.02%，而钢液的温度不高于 1630℃。计算所需要的真空度（p_{CO}）。

已知：$4[C] + Cr_3O_4(s) =\!=\!= 3[Cr] + 4CO \quad \Delta G^\ominus = 934706 - 617.22T(J/mol)$

$$e_{Cr}^{Cr} = -0.03 \times 10^{-2},\ e_{Cr}^{Ni} = 0.02 \times 10^{-2},\ e_{Cr}^{C} = -12 \times 10^{-2}$$

$$e_{C}^{Cr} = -2.4 \times 10^{-2},\ e_{C}^{Ni} = 1.2 \times 10^{-2},\ e_{C}^{C} = 14 \times 10^{-2}$$

解：当 $T = 1630 + 273 = 1903\text{K}$ 时

$$\Delta G^{\ominus} = 934706 - 617.22 \times 1903 = -239863.7$$

又：$\Delta G^{\ominus} = -RT\ln K$ 所以：$K = 3.84 \times 10^{6}$　　(1)

$$K = \frac{a_{[\text{Cr}]}^{3} p_{\text{CO}}^{4}}{a_{[\text{C}]}^{4} \cdot p^{\ominus 4}} \qquad p_{\text{CO}}/p^{\ominus} = \left(\frac{K \times a_{[\text{C}]}^{4}}{a_{[\text{Cr}]}^{3}}\right)^{\frac{1}{4}} \qquad (2)$$

$$a_{[\text{Cr}]} = f_{\text{Cr}}[\%\text{Cr}] \qquad (3)$$

$$\lg f_{\text{Cr}} = e_{\text{Cr}}^{\text{Cr}} \cdot [w[\text{Cr}]] + e_{\text{Cr}}^{\text{Ni}} \cdot [w[\text{Ni}]] + e_{\text{Cr}}^{\text{C}} \cdot [w[\text{C}]] = -0.006 \quad f_{\text{Cr}} = 0.9863 \qquad (4)$$

$$a_{[\text{C}]} = f_{\text{C}}[w[\text{C}]] \qquad (5)$$

$$\lg f_{\text{C}} = e_{\text{C}}^{\text{Cr}} \cdot [w[\text{Cr}]] + e_{\text{C}}^{\text{Ni}} \cdot [w[\text{Ni}]] + e_{\text{C}}^{\text{C}} \cdot [w[\text{C}]] = -0.3212 \quad f_{\text{C}} = 0.4773 \qquad (6)$$

联立式 (1)~式 (6) 得到：$p_{\text{CO}} = 8224\text{Pa}$

9-5　不锈钢冶炼过程中，溶解于钢液中的铬被氧化，向含 $w[\text{Cr}] = 18\%$、$w[\text{Ni}] = 9\%$ 的不锈钢吹氧，使含碳量降低到0.1%及 $p_{\text{CO}} = 100\text{kPa}$，求 [Cr] 与 [C] 氧化的转化温度。

已知：$4[\text{C}] + (\text{Cr}_3\text{O}_4) = 3[\text{Cr}] + 4\text{CO} \qquad \Delta G^{\ominus} = 934706 - 617.22T(\text{J/mol})$

$$e_{\text{Cr}}^{\text{Cr}} = -0.03 \times 10^{-2},\ e_{\text{Cr}}^{\text{Ni}} = 0.02 \times 10^{-2},\ e_{\text{Cr}}^{\text{C}} = -12 \times 10^{-2};$$

$$e_{\text{C}}^{\text{Cr}} = -2.4 \times 10^{-2},\ e_{\text{C}}^{\text{Ni}} = 1.2 \times 10^{-2},\ e_{\text{C}}^{\text{C}} = 14 \times 10^{-2}。$$

解：当 $p_{\text{CO}} = 100\text{kPa}$ 时，$\Delta_{\text{r}} G^{\ominus} = 934706 - 617.22T = -2.303RT\lg K^{\ominus}$

$$\lg f_{\text{Cr}} = e_{\text{Cr}}^{\text{Cr}} \cdot [w[\text{Cr}]] + e_{\text{Cr}}^{\text{Ni}} \cdot [w[\text{Ni}]] + e_{\text{Cr}}^{\text{C}} \cdot [w[\text{C}]]$$
$$= (-0.0003) \times 18 + 0.0002 \times 9 + (-0.12) \times 0.1 = -0.0156$$

则：$f_{\text{Cr}} = 0.9647$，$a_{[\text{Cr}]} = f_{\text{Cr}} \cdot [w[\text{Cr}]] = 0.9647 \times 18 = 17.365$

$$\lg f_{\text{C}} = e_{\text{C}}^{\text{Cr}} \cdot [w[\text{Cr}]] + e_{\text{C}}^{\text{Ni}} \cdot [w[\text{Ni}]] + e_{\text{C}}^{\text{C}} \cdot [w[\text{C}]]$$
$$= (-0.024) \times 18 + 0.012 \times 9 + 0.14 \times 0.1 = -0.31$$

则：$f_{\text{C}} = 0.4898$，$a_{[\text{C}]} = f_{\text{C}} \cdot [w[\text{C}]] = 0.4898 \times 0.1 = 0.04898$

$$K^{\ominus} = \frac{a_{[\text{Cr}]}^{3} \cdot (p_{\text{CO}}/p^{\ominus})^{4}}{a_{[\text{C}]}^{4}} = \frac{17.365^{3} \times 1}{0.04898^{4}} = 9.0981 \times 10^{8},\ \lg K^{\ominus} = 8.9589$$

综上所述可得：

$$T = \frac{934706}{617.22 - 2.303R \cdot \lg K^{\ominus}} = \frac{934706}{617.22 - 2.303 \times 8.314 \times 8.9589} = 2097.2\text{K}$$

所以 [Cr] 与 [C] 氧化的转化温度为 2097.2K。

9-6　已知体系的总压 $p = 0.7 \times 10^{5}\text{Pa}$，温度为 1893K，钢液的成分为 $w[\text{C}] = 0.1\%$、$w[\text{Ni}] = 2\%$、$w[\text{Mo}] = 3\%$。钢液中元素的活度相互作用系数分别为 $e_{\text{C}}^{\text{C}} = 0.14$、$e_{\text{C}}^{\text{Ni}} = 0.012$、$e_{\text{C}}^{\text{Mo}} = -0.0083$。试计算与此钢液平衡的熔渣中 FeO 的活度。

$$[\text{C}] + (\text{FeO}) = [\text{Fe}] + \text{CO} \qquad \Delta_{\text{r}} G_{\text{m}}^{\ominus} = 98799 - 90.76T(\text{J/mol})$$

解：$\Delta_{\text{r}} G_{\text{m}}^{\ominus} = 98799 - 90.76T = 98799 - 90.76 \times 1893 = -73009.68(\text{J/mol})$

因为 $\Delta_{\text{r}} G_{\text{m}}^{\ominus} = -2.303RT\lg K^{\ominus}$，则：

$$\lg K^{\ominus} = \frac{(p_{\text{CO}}/p^{\ominus})}{a_{\text{C}} \cdot a_{(\text{FeO})}} = -\frac{\Delta_{\text{r}} G_{\text{m}}^{\ominus}}{2.303RT} = -\frac{-73009.68}{2.303 \times 8.314 \times 1893} = 2.014$$

$$K^{\ominus} = 103.28$$

$$\lg f_C = e_C^C \cdot [w[C]] + e_C^{Ni} \cdot [w[Ni]] + e_C^{Mo} \cdot [w[Mo]]$$
$$= 0.14 \times 0.1 + 0.012 \times 2 + (-0.0083) \times 3 = 0.0131$$

则： $f_C = 1.0306$

所以 $a_C = f_C \cdot [w[C]] = 1.0306 \times 0.1 = 0.1031$

由平衡常数可得：$a_{(FeO)} = \dfrac{(p_{CO}/p^\ominus)}{a_C \cdot K^\ominus} = \dfrac{(0.7 \times 10^5/10^5)}{0.1031 \times 103.28} = 0.0657$

9-7 高炉炉缸中硅的还原反应是：

$$(SiO_2) + 2[C] \Longrightarrow [Si] + 2CO,\ \Delta_r G_m^\ominus = 519303 - 291.6T(J/mol)$$

设炉缸内 $p_{CO} = 175.5kPa$、$a_{SiO_2} = 0.097$、$a_C = 1$、$w[C] = 4.0\%$，已知 $e_{Si}^C = 0.18$，$e_{Si}^{Si} = 0.11$，求 1500℃时生铁中平衡的硅含量 $w[Si]$。

解： $(SiO_2) + 2C_{(石墨)} \Longrightarrow [Si] + 2CO \quad \Delta_r G_m^\ominus = 596100 - 394.34T\ (J/mol)$

当 $T = 1773K$ 时，$\Delta G^\ominus = -103064.82(J/mol)$，$\lg K = \dfrac{-\Delta G^\ominus}{2.303RT} = 3.036$

因为：
$$K = \frac{f_{Si}[w[Si]] \cdot (p_{CO}/p^\ominus)}{a_{SiO_2} \cdot a_C}$$

所以：
$$\lg K = \lg f_{Si} + \lg[w[Si]] + 2\lg(p_{CO}/p^\ominus) - \lg a_{SiO_2} - \lg a_C$$

而 $\lg f_{Si} = e_{Si}^C w[C] + e_{Si}^{Si} w[Si]$，代入数据整理得：

$$\lg[w[Si]] + 0.11[w[Si]] - 0.825651 = 0$$

得：
$$w[Si] = 3.0732\%$$

9-8 用 C 还原 Cr_2O_3，若体系中 p_{CO}控制在 101.3kPa 和 1.013kPa，还原温度各为多少？

已知：$1/3Cr_2O_3 + CO \Longrightarrow 2/3Cr + CO_2 \qquad \Delta G_{(1)}^\ominus = 94310 + 1.25T(J/mol)$

$CO_2 + C \Longrightarrow 2CO \qquad \Delta G_{(2)}^\ominus = 170544 - 174.26T(J/mol)$

解： $1/3Cr_2O_3 + CO \Longrightarrow 2/3Cr + CO_2 \qquad \Delta G_{(1)}^\ominus = 94310 + 1.25T(J/mol)$

$+ \qquad CO_2 + C \Longrightarrow 2CO \qquad \Delta G_{(2)}^\ominus = 170544 - 174.26T(J/mol)$

$$1/3Cr_2O_3 + C \Longrightarrow 2/3Cr + CO \qquad \Delta G_{(3)}^\ominus = 264854 - 173.01T(J/mol)$$

当 $p_{CO} = 101.3kPa$ 时处于平衡，则有 $\Delta G_{(3)}^\ominus = 0$

$$\Delta G_{(3)}^\ominus = 264854 - 173.01T = 0$$
$$T = 1530.86K$$

当 $p_{CO} = 1.013kPa$ 时，由化学等温方程式

$$\Delta G_{(3)} = \Delta G_{(3)}^\ominus + RT\ln p_{CO} = 264854 - 173.01T + 2.303RT\lg\frac{1.013}{101.3}$$
$$= 264854 - 211.304T$$

当 $\Delta G_{(3)} = 0$，即处于平衡时，求得还原温度为：

$$T = 1253.42K$$

9-9 根据下列成分的初钢，设计用现代方法一个生产奥氏体不锈钢工艺（要求应用热力学原理说明其工艺条件）。

初钢成分：$w[Cr] = 18\%$，$w[C] = 4.2\%$，$w[Ni] = 9\%$。

合格质量成分：$w[Cr] = 18\%$，$w[C] = 0.02\%$，$w[Ni] = 9\%$。

已知熔池内去碳保铬的反应为：

$$2[C] + 1/2(Cr_3O_4) =\!=\!= 3/2[Cr] + 2CO$$

根据下列平衡关系：

$$\begin{aligned}\lg K^{\ominus} &= -24276/T + 16.055\\ &= 1.5\lg[w[Cr]] + 0.0476[w[Cr]] - 0.0237[w[Ni]]\\ &\quad - 2\lg[w[C]] - 0.46[w[C]] + 2\lg(p_{CO}/p^{\ominus})\end{aligned}$$

$p_{CO} = p^{\ominus}$，$T \leqslant 1873K$，$[w(C)] \leqslant 0.42\%$时，Cr 将优先氧化。

解：第一步将初钢水置于转炉中在 1873K 下吹炼脱碳至含碳量为 0.45%，即可加脱氧剂脱氧。

第二步将脱氧后的钢水转入真空包（温度仍控制在 1873K）中进行真空脱氧同时脱碳至含碳量 $w[C] \leqslant 0.02\%$。其真空包的真空度由下列关系式确定。

$$\begin{aligned}\lg(p_{CO}/p^{\ominus}) &\leqslant -24276/(2T) + 16.055/2 - 1.5/2\lg[w[Cr]] - 0.0476/2[w[Cr]] +\\ &\quad 0.0237/2[w[Ni]] + \lg[w[C]] - 0.46/2[w[C]]\\ &= -12138/1873 + 8.028 - 0.75\lg18 - 0.0238 \times 18 + 0.0119 \times 9 +\\ &\quad \lg0.02 - 0.23 \times 0.02\\ &= -6.481 + 8.028 - 0.941 - 0.428 + 0.107 - 1.699 - 0.005 = -1.419\end{aligned}$$

$$p_{CO}/p^{\ominus} \leqslant 0.038$$

$$p_{CO} \leqslant 0.038p^{\ominus} = 0.038 \times 101325 = 3850Pa$$

即要炼出合格质量不锈钢，第二步真空精炼的真空度应小于或等于 3850Pa。

9.4　测　试　题

9-1　用 CO 还原 $Fe_2O_3(s)$ 制取金属铁，可以求出反应 $Fe_2O_3(s) + 3CO = 2Fe(s) + 3CO_2$ 在 800K 时的平衡常数吗？

答：不可以，尽管铁氧化物的还原或分解遵守逐级转变原则，不能直接求出 Fe(s) 与 $Fe_2O_3(s)$ 反应的平衡常数，但是可以通过逐级反应的组合求出该反应在 800K 时的平衡常数。

9-2　已知 $T<1083K$ 时，$2CO + O_2 = 2CO_2$ 的氧势小于 $2H_2 + O_2 = 2H_2O(g)$ 的氧势，在 $T>1083K$ 时则刚好相反。即上述两个反应的氧势线相交于 1083K。试分析说明在标准状态下反应 $H_2O(g) + CO = H_2 + CO_2$ 的热力学方向和限度问题。

答：当 $T<1083K$ 时，$H_2O(g) + CO = H_2 + CO_2$ 的 $\Delta G<0$，反应向右进行。

当 $T>1083K$ 时，$H_2O(g) + CO = H_2 + CO_2$ 的 $\Delta G>0$，反应向左进行。

即低温下成生 CO_2 的趋势大，高温有利 CO 的生成。

9-3　指出图 9-3 中不同温度区金属（M）或氧化物（MO）的稳定存在形态，并用热力学原理说明氧化物（MO）稳定存在的温度区间。

已知：*bc*：$CO_2 + C \Longleftrightarrow 2CO$

　　　de：$MO + CO \Longleftrightarrow M + CO_2$

答：（1）在不同温度区，金属（M）或氧化物（MO）的稳定存在形态如图 9-4 所示。

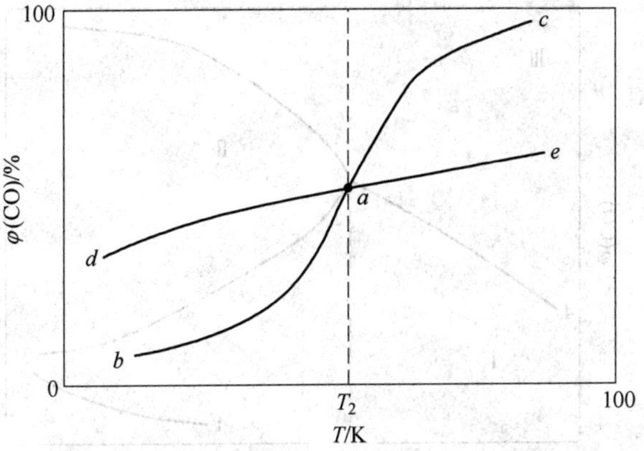

图 9-3 MO 直接碳还原的热力学平衡图（题图）

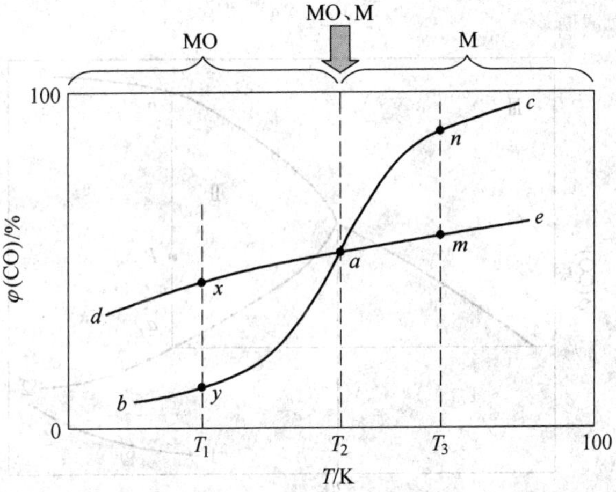

图 9-4 MO 直接碳还原的热力学平衡图（答案图）

（2）当 $T < T_2$ 时，在温度为 T_1 时，碳气化反应中的 CO 量较间接还原中的 CO 量小，即碳气化反应中的 CO_2 量较间接还原中的 CO_2 量大，因此多余的 CO_2 将使间接还原 MO + CO⇔M + CO_2 的逆向进行，M 氧化产生的 CO 又使布都尔反应 CO_2 + C⇔2CO 逆向进行，即两个反应如此循环进行，直到 M 消耗完为止，因此最终系统中稳定的物质为 MO。

9-4 如图 9-5 所示，四条线分别代表四个不同的反应，指出图中不同温度区铁或铁氧化物稳定存在的区域（Ⅰ、Ⅱ、Ⅲ），并用热力学原理说明氧化物 FeO 稳定存在的原因。

（1）$3Fe_2O_3 + CO(g) \Longleftrightarrow 2Fe_3O_4 + CO_2(g)$ （2）$Fe_3O_4 + CO(g) \Longleftrightarrow 3FeO + CO_2(g)$

（3）$FeO + CO(g) \Longleftrightarrow Fe + CO_2(g)$ （4）$\frac{1}{4}Fe_3O_4 + CO(g) \Longleftrightarrow \frac{3}{4}Fe + CO_2(g)$

答：（1）根据四条线所代表的反应来判定，图中不同区域稳定存在的物质分别为：Ⅰ—Fe_3O_4；Ⅱ—FeO；Ⅲ—Fe。

（2）如图 9-6 所示，在Ⅱ区域任取一点 P，过 P 点作等温线，交曲线 2 于点 a，交曲线 3 于点 b。

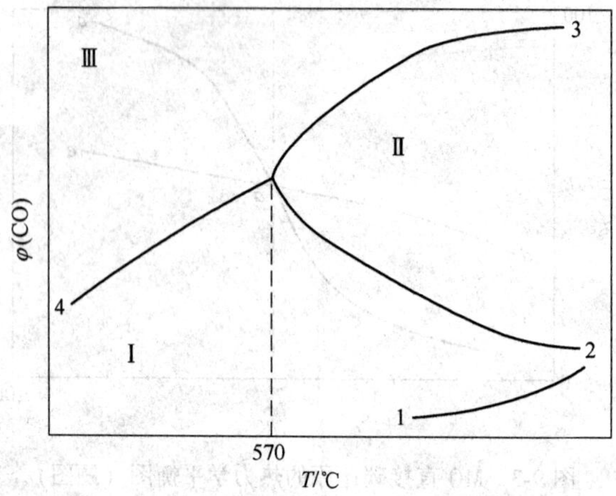

图 9-5　铁氧化物 CO 还原热力学平衡图（题图）

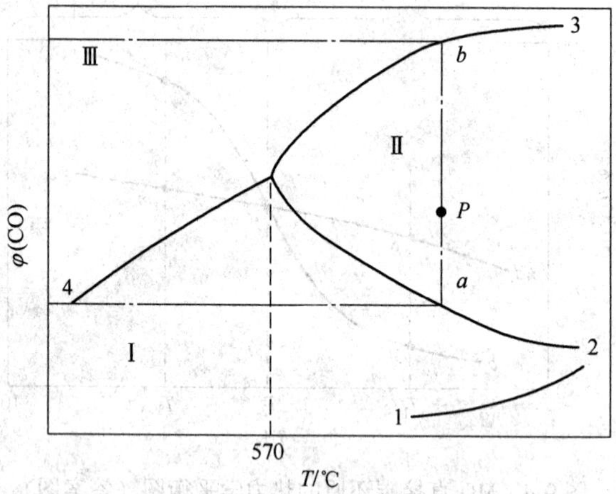

图 9-6　铁氧化物 CO 还原热力学平衡图（答案图）

利用化学反应等温方程式分析：

对于曲线 2：　　$Fe_3O_4 + CO \Longleftrightarrow 3FeO + CO_2$

$$\Delta G = -RT\ln\left(\frac{\varphi(CO_2)}{\varphi(CO)}\right)_a + RT\ln\left(\frac{\varphi(CO_2)}{\varphi(CO)}\right)_P$$

因为 $(\varphi(CO))_a < (\varphi(CO))_P$；$(\varphi(CO_2))_a > (\varphi(CO_2))_P$；所以 $\left(\frac{\varphi(CO_2)}{\varphi(CO)}\right)_a > \left(\frac{\varphi(CO_2)}{\varphi(CO)}\right)_P$

$$\Delta G = -RT\ln\left(\frac{\varphi(CO_2)}{\varphi(CO)}\right)_a + RT\ln\left(\frac{\varphi(CO_2)}{\varphi(CO)}\right)_P < 0$$

则反应（2）正向进行，Fe_3O_4 会被进一步氧化为 FeO。

对于曲线 3：　　$FeO + CO \Longleftrightarrow Fe + CO_2$

$$\Delta G = -RT\ln\left(\frac{\varphi(CO_2)}{\varphi(CO)}\right)_b + RT\ln\left(\frac{\varphi(CO_2)}{\varphi(CO)}\right)_P$$

因为$(\varphi(CO))_b > (\varphi(CO))_P$；$(\varphi(CO_2))_b < (\varphi(CO_2))_P$；所以$\left(\frac{\varphi(CO_2)}{\varphi(CO)}\right)_P > \left(\frac{\varphi(CO_2)}{\varphi(CO)}\right)_b$

$$\Delta G = -RT\ln\left(\frac{\varphi(CO_2)}{\varphi(CO)}\right)_b + RT\ln\left(\frac{\varphi(CO_2)}{\varphi(CO)}\right)_P > 0$$

反应（3）逆向进行，Fe 会被进一步氧化为 FeO。

综上所述，在Ⅱ区域内的任意体系，其最终稳定存在的固相物质是 FeO。

9-5 图 9-7 为 CO 还原金属氧化物 MO 的平衡曲线图。回答下列问题：

（1）写出此曲线的反应方程式；

（2）在图上各区域内（Ⅰ、Ⅱ）标出稳定存在的固相；

（3）如在图中 D 点体系中放入金属（M），保持 D 点体系的温度及气相组成不变，用热力学原理分析在该体系中将有什么反应发生？且最终稳定存在的固相物质是什么？

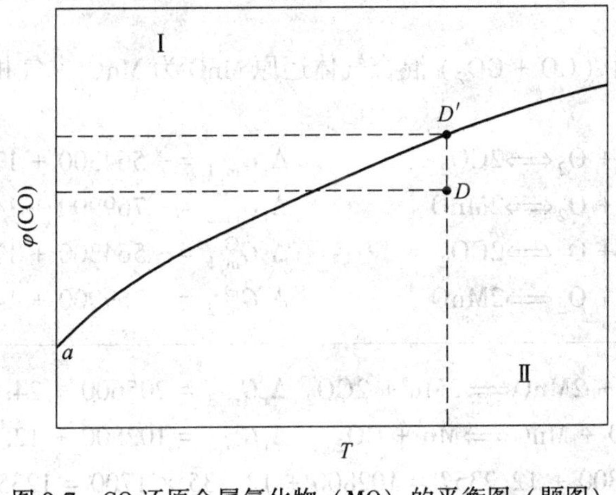

图 9-7 CO 还原金属氧化物（MO）的平衡图（题图）

答：（1）此曲线的反应方程式为：$MO + CO \Longleftrightarrow M + CO_2$

（2）如图 9-8 所示，Ⅰ区稳定存在的固相为金属（M），Ⅱ区稳定存在的固相为 MO。

（3）如在图中 D 点体系中放入金属 M，保持 D 点体系的温度及气相组成不变，

在此条件下，体系的平衡点应在 D'，显然体系不平衡，必然要移动，向平衡点 D 靠近，则在该体系中会发生反应：$M + CO_2 \rightarrow MO + CO$。且最终稳定存在的固相物质是 MO。

或利用化学反应等温方程式分析：

$$\Delta G = -RT\ln\left(\frac{\varphi(CO_2)}{\varphi(CO)}\right)_{D'} + RT\ln\left(\frac{\varphi(CO_2)}{\varphi(CO)}\right)_D$$

因为$(\varphi(CO))_{D'} > (\varphi(CO))_D$；$(\varphi(CO_2))_{D'} < (\varphi(CO_2))_D$，所以

$$\left(\frac{\varphi(CO_2)}{\varphi(CO)}\right)_D > \left(\frac{\varphi(CO_2)}{\varphi(CO)}\right)_{D'}$$

$$\Delta G = -RT\ln\left(\frac{\varphi(CO_2)}{\varphi(CO)}\right)_D + RT\ln\left(\frac{\varphi(CO_2)}{\phi(CO)}\right)_{D'} > 0$$

反应 $MO + CO \Longleftrightarrow M + CO_2$ 逆向进行，M 会被进一步氧化为 MO。且最终稳定存在的固相物质是 MO。

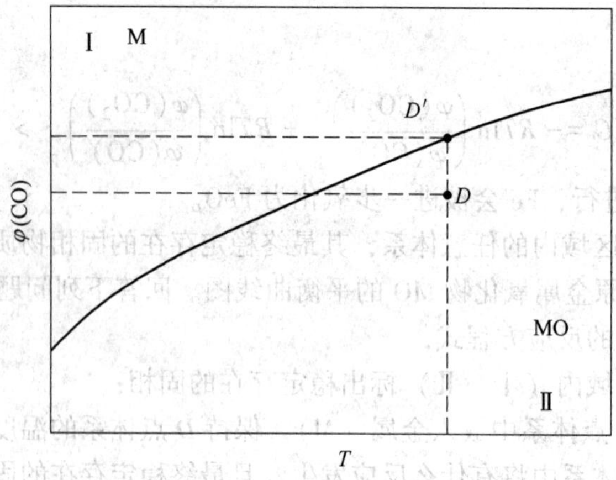

图 9-8　CO 还原金属氧化物（MO）的平衡图（答案图）

9-6　在 1700K 时，用（$CO + CO_2$）混合气体还原 MnO 为 Mn，求气相中 CO 浓度至少应控制多大？

已知：(1) $2CO + O_2 \Longleftrightarrow 2CO_2$　　$\Delta_r G^{\ominus}_{m,1} = -564300 + 173.47T$ (J/mol)

(2) $2Mn + O_2 \Longleftrightarrow 2MnO$　　$\Delta_r G^{\ominus}_{m,2} = -769900 + 149.0T$ (J/mol)

解：(1) $2CO + O_2 \Longleftrightarrow 2CO_2$　　$\Delta_r G^{\ominus}_{m,1} = -564300 + 173.47T$ (J/mol)

(2) $2Mn + O_2 \Longleftrightarrow 2MnO$　　$\Delta_r G^{\ominus}_{m,2} = -769900 + 149.0T$ (J/mol)

---

(3) $2CO + 2MnO \Longleftrightarrow 2Mn + 2CO_2$　$\Delta_r G^{\ominus}_{m,3} = 205600 + 24.47T$ (J/mol)

$CO + MnO \Longleftrightarrow Mn + CO_2$　　$\Delta_r G^{\ominus}_{m,4} = 102800 + 12.235T$ (J/mol)

则 $\Delta_r G^{\ominus}_{m,4} = 102800 + 12.235T = 102800 + 12.235 \times 1700 = 123599.5$ (J/mol)

由 $\Delta_r G_4 = \Delta_r G^{\ominus}_4 + RT\ln\left(\frac{\varphi(CO_2)}{\varphi(CO)}\right) < 0$

可得　$$\ln\left(\frac{\varphi(CO_2)}{\varphi(CO)}\right) < \frac{-\Delta_r G^{\ominus}_4}{RT} = \frac{-123599.5}{8.314 \times 1700} = -8.745$$

或　$$\lg\left(\frac{\varphi(CO_2)}{\varphi(CO)}\right) < \frac{-\Delta_r G^{\ominus}_4}{2.303RT} = \frac{-123599.5}{2.303 \times 8.314 \times 1700} = -3.7972$$

即　$$\left(\frac{\varphi(CO_2)}{\varphi(CO)}\right) < 1.593 \times 10^{-4}$$

则气相中 CO 浓度应为：$\varphi(CO) > \frac{1}{1 + 1.593 \times 10^{-4}} = 99.98$

9-7　求反应 $2Cu_2S(s) + 3O_2 = 2Cu_2O(s) + 2SO_2(g)$ 在 1000K 平衡时的 $p^2_{SO_2}/p^3_{O_2}$ 之值，此值说明什么？

已知：$2Cu_2S(s) = 4Cu(s) + S_2(g)$ (1) $\Delta G_r^{\ominus} = 263600 - 61.58T$(J/mol)

$2Cu_2O(s) = 4Cu(s) + O_2(g)$ (2) $\Delta G_2^{\ominus} = 336800 - 142.5T$(J/mol)

$S_2(g) + 2O_2 = SO_2(g)$ (3) $\Delta G_3^{\ominus} = -723400 + 145.36T$(J/mol)

解：设 $Cu_2S(s)$ 和 $Cu_2O(s)$ 为纯固相，活度为1。

由 (1) - (2) + (3) 得：

$$2Cu_2S(s) + 3O_2 = 2Cu_2O(s) + 2SO_2(g)$$

该反应的标准吉布斯自由能 $\Delta G^{\ominus} = \Delta G_1^{\ominus} - \Delta G_2^{\ominus} + \Delta G_3^{\ominus} = -796600 + 226.28T$(J/mol)

1000K 时，$\Delta G_{1000}^{\ominus} = -570320$ (J/mol)

$$\lg K = \lg\left(\frac{p_{SO_2}^2/p^{\ominus 2}}{p_{O_2}^3/p^{\ominus 3}}\right)_{平} = \frac{570320}{2.303 \times 8.314 \times 1000} = 29.79$$

所以
$$K = (p^{\ominus} \cdot p_{SO_2}^2/p_{O_2}^2)_{平} = 6.11 \times 10^{29}$$
$$p_{SO_2}^2/p_{O_2}^3 = 6.03 \times 10^{24}(Pa^{-1})$$

此结果说明，体系中反应物几乎消耗完，而产物极多，从热力学上来说，Cu_2S 转变为 Cu_2O 的反应十分完全。

9-8 FeO 在 1000℃为 CO 还原时，反应平衡常数 K=0.42，试求在此温度条件下改用氢气还原时反应的平衡常数。

已知：$CO + H_2O(g) = CO_2 + H_2$ $\Delta G^{\ominus} = -29490 + 26.8T$(J/mol)

$$\lg K = \frac{1540}{T} - 1.40$$

解：氢还原 FeO 的反应为：

$$FeO(s) + H_2 = Fe(s) + H_2O(g)$$

CO 还原 FeO 的反应为：

$$FeO(s) + CO = Fe(s) + CO_2(g)$$

两者在相同温度下达到平衡时，这些气相成分将服从水煤气反应的平衡常数所确定的气相组成浓度关系：

$$CO + H_2O(g) = CO_2 + H_2 \quad \lg K = \frac{1540}{T} - 1.40$$

故
$$K = \frac{\varphi(CO_2)\varphi(H_2)}{\varphi(CO)\varphi(H_2O)}$$

而
$$K_{H_2} = \frac{\varphi(H_2O)}{\varphi(H_2)} = \frac{\varphi(CO_2)}{\varphi(CO)} \times \frac{1}{K}$$

在 1000℃时，水煤气反应的 K=0.645。

故用氢还原 FeO 的 $K_{H_2} = \frac{\varphi(CO_2)}{\varphi(CO)} \times \frac{1}{K} = 0.42 \times \frac{1}{0.645} = 0.65$。

9-9 在电弧炉内冶炼不锈钢时，熔池中 $w[Ni] = 9\%$，若吹炼到终点 $w[C] = 0.05\%$ 时，且要求 $w[Cr] = 10\%$，假定炉内 $p_{CO} = 101.325$kPa，$a_{Cr_2O_3} = 1$。

已知熔池内去碳保铬的反应为：$3[C] + Cr_2O_3 = 2[Cr] + 3CO$

满足关系：

$$-\frac{38840}{T}+24.59=0.0714[w[\mathrm{Cr}]]-0.66[w[\mathrm{C}]]-0.0356[w[\mathrm{Ni}]]+2\lg[w[\mathrm{Cr}]]-3\lg[w[\mathrm{C}]]+3\lg(p_{\mathrm{CO}}/p^{\ominus})$$

（1）求吹炼到终点时钢液温度为多少？吹炼不锈钢（1Cr18Ni9）的生产工艺应怎样制定才合理？

解：$w[\mathrm{C}]=0.05\%$，$w[\mathrm{Ni}]=9\%$，$w[\mathrm{Cr}]=18\%$，$p_{\mathrm{CO}}=100.325\mathrm{kPa}$ 代入所给公式，可得

$$T=2213.52\mathrm{K}$$

（2）如何制定吹炼不锈钢的工艺？

冶炼不锈钢的核心任务在于如何实现去碳保铬。

1）降低 p_{CO} 即提高真空度，可以在较低温度下去碳保铬；

2）在铬、镍含量不变的情况下，碳含量越低，则吹炼所需最低温度越高。在不锈钢的冶炼过程中应综合考虑多方因素的影响，来制定冶炼工艺。

9-10　含钒生铁的成分为：$w[\mathrm{C}]=4.0\%$、$w[\mathrm{V}]=0.4\%$、$w[\mathrm{Si}]=0.25\%$、$w[\mathrm{P}]=0.03\%$、$w[\mathrm{S}]=0.08\%$。利用雾化提钒处理提取钒渣及半钢，试求“去钒保碳”的温度条件。钒渣的 $\gamma_{\mathrm{V_2O_3}}=10^{-7}$，$x(\mathrm{V_2O_3})=0.112$，$p_{\mathrm{CO}}=p^{\ominus}$。

已知：$\frac{2}{3}[\mathrm{V}]+\mathrm{CO}\Longleftrightarrow\frac{1}{3}(\mathrm{V_2O_3})+[\mathrm{C}]$，$\Delta_r G_m^{\ominus}=-218013+135.22T(\mathrm{J/mol})$

铁液中元素的活度相互作用系数分别为：

$$e_{\mathrm{C}}^{\mathrm{C}}=0.14,\ e_{\mathrm{C}}^{\mathrm{Si}}=0.080,\ e_{\mathrm{C}}^{\mathrm{V}}=-0.077,\ e_{\mathrm{C}}^{\mathrm{P}}=0.051,\ e_{\mathrm{C}}^{\mathrm{S}}=0.046;$$

$$e_{\mathrm{V}}^{\mathrm{C}}=-0.34,\ e_{\mathrm{V}}^{\mathrm{Si}}=0.042,\ e_{\mathrm{V}}^{\mathrm{V}}=0.015,\ e_{\mathrm{V}}^{\mathrm{P}}=-0.041,\ e_{\mathrm{V}}^{\mathrm{S}}=-0.028。$$

解：对于反应：$\frac{2}{3}[\mathrm{V}]+\mathrm{CO}\Longleftrightarrow\frac{1}{3}(\mathrm{V_2O_3})+[\mathrm{C}]$

$$\Delta_r G=\Delta_r G_m^{\ominus}+RT\ln J=-218013+135.22T+2.303RT\lg\left(\frac{a_{\mathrm{V_2O_3}}^{1/3}\cdot a_{[\mathrm{C}]}}{a_{[\mathrm{V}]}^{2/3}\cdot p_{\mathrm{CO}}}\right)$$

$$a_{\mathrm{V_2O_3}}=\gamma_{\mathrm{V_2O_3}}\cdot x(\mathrm{V_2O_3})=10^{-7}\times0.112=1.12\times10^{-8}$$

$$\begin{aligned}\lg f_C&=e_{\mathrm{C}}^{\mathrm{C}}\cdot[w[\mathrm{C}]]+e_{\mathrm{C}}^{\mathrm{Si}}\cdot[w[\mathrm{Si}]]+e_{\mathrm{C}}^{\mathrm{V}}\cdot[w[\mathrm{V}]]+e_{\mathrm{C}}^{\mathrm{P}}\cdot[w[\mathrm{P}]]+e_{\mathrm{C}}^{\mathrm{S}}\cdot[w[\mathrm{S}]]\\&=0.14\times4+0.08\times0.25+(-0.077)\times0.4+0.051\times0.03+0.046\times0.08\\&=0.55441\end{aligned}$$

则：$f_{\mathrm{C}}=3.5843$；$a_{[\mathrm{C}]}=f_{\mathrm{C}}\cdot[w[\mathrm{C}]]=3.5843\times4=14.34$

同理：
$$\begin{aligned}\lg f_{\mathrm{V}}&=e_{\mathrm{V}}^{\mathrm{C}}\cdot[w[\mathrm{C}]]+e_{\mathrm{V}}^{\mathrm{Si}}\cdot[w[\mathrm{Si}]]+e_{\mathrm{V}}^{\mathrm{V}}\cdot[w[\mathrm{V}]]+e_{\mathrm{V}}^{\mathrm{P}}\cdot[w[\mathrm{P}]]+e_{\mathrm{V}}^{\mathrm{S}}\cdot[w[\mathrm{S}]]\\&=(-0.34)\times4+0.042\times0.25+0.015\times0.4+(-0.041)\times0.03+(-0.028)\times0.08\\&=-1.35\end{aligned}$$

则：$f_{\mathrm{V}}=0.045$；$a_{[\mathrm{V}]}=f_{\mathrm{V}}\cdot[w[\mathrm{V}]]=0.045\times0.4=0.018$

$$\Delta_r G=\Delta_r G_m^{\ominus}+RT\ln J=-218013+135.22T+2.303RT\lg\left(\frac{a_{\mathrm{V_2O_3}}^{1/3}\cdot a_{[\mathrm{C}]}}{a_{[\mathrm{V}]}^{2/3}\cdot p_{\mathrm{CO}}/p^{\ominus}}\right)$$

$$= -218013 + 135.22T + 2.303 \times 8.314T\lg\left(\frac{(1.12 \times 10^{-8})^{1/3} \times 14.34}{0.018^{2/3} \times 1}\right)$$

$$= -218013 + 135.22T + 19.1471T\lg 0.4671 = -218013 + 128.89T$$

由 $\Delta_r G = 0$ 得，$T = \frac{218013}{128.89} = 1691.5\text{K}$

答：$T = 1691.5\text{K}$

10 高温分离提纯过程

10.1 知 识 梳 理

- 高温分离提纯过程
  - 基本概念
    - (1)研究火法高温分离提纯的原理不仅对金属除杂、有价元素的回收有重要意义，而且对先进材料的制备亦有指导意义
    - (2)各种高温分离提纯方法的实质都是利用化学的原理或物理的原理使主金属与杂质分别进入不同的相，从而实现二者分离
    - (3)化学法:基于杂质与主金属化学性质的不同，加入某反应剂使之与杂质作用形成某种难熔于金属的化合物析出或造渣
    - (4) 物理法:基于在两相平衡时杂质和主金属在两相间分配比的不同
  - 氧化精炼
    - 金属熔体中杂质元素氧化的机制
      - (1)氧在渣中的传递方式
      - (2)氧化方式
        - 直接氧化
        - 间接氧化
        - 两种方式同时并存，以间接氧化为主
    - 金属熔体中元素氧化反应的标准吉布斯自由能变化
    - 氧化精炼过程的热力学分析
      - 脱硫反应的热力学分析
      - 脱磷反应的热力学分析
      - 脱碳反应的热力学分析
      - 脱氧反应的热力学分析
      - 典型案例
  - 硫化精炼
    - 其基本原理与氧化精炼相似(略)
  - 熔析或凝析精炼
    - (1)基于粗金属在熔化或凝固过程中，控制适当温度，使部分杂质因溶解度的限制在两相不均衡分布，再采取适当固液分离措施，使金属纯度得以提高
    - (2)Pb-Cu系相图分析 —— 典型案例
  - 区域精炼(区域熔炼)法及定向凝固法
    - 基于在金属凝固过程中，杂质在液相和固相的平衡浓度的不同
    - 分配系数对区域精炼效果的影响
  - 蒸馏(升华)精炼
    - 基于物质的饱和蒸气压的不同，而实现其相互分离
    - 分离因数的定义及其对分离效果的影响

10.2 基本要求及主要内容

10.2.1 基本要求

（1）了解火法精炼的基本原理。

（2）理解化学精炼和物理精炼的基本原理。（重点）

（3）掌握氧化精炼的热力学分析及相关热力学计算。（重难点）

（4）掌握熔析精炼、区域精炼、蒸馏精炼及萃取精炼的基本原理。

（5）理解并掌握粗金属的火法精炼原理：氧化熔炼（炼钢原理）、常见的火法精炼一般原理。（重点）

10.2.2 主要内容

（1）区域精炼：基于金属凝固平衡时杂质在固相和液相间的不等量分配原理实现的，也就是杂质在固液两相中的溶解度不同，即溶解度差别，是以平衡分配系数 K_0 来衡量的，定义为杂质在固相中的浓度 C_s 对杂质在液相中的浓度 C_l 之比值。

（2）蒸馏法：基于物质的饱和蒸汽压不同而分离。因此，两物质的饱和蒸汽压相差越小，则 β 值与 1 的差距越小，分离效果越差。

（3）萃取精炼：是在熔融粗金属中加入第三种金属，该金属与粗金属中的杂质形成高熔点化合物而从熔融粗金属析出，从而实现杂质的分离。

10.3 例题分析

10-1 试述炼钢过程中元素氧化的热力学原理。

答：以气体氧作为氧化剂向钢液熔池内吹入时，由于炉气和钢液间氧的压力差高达 10^8 倍以上，氧从气相不断向钢液转移。但在熔炼过程中，钢液表面总是覆盖着渣层，所以氧从气相向钢液内传递，以渣为媒介，以铁的变价氧化物为载体。即首先是渣中 (FeO) 被氧化成 (Fe_2O_3)，生成的 (Fe_2O_3) 由渣的上表面向渣-金界面扩散，在此界面上被 [Fe] 还原成 (FeO)，随后，(FeO) 按分配定律，将 [O] 传入钢液中。

钢液中的元素在此传氧过程中，有三种氧化方式：

（1）气体氧的直接氧化：　　$M + O_2 = (MO_2)$

（2）渣中 (FeO) 的氧化：　　$M + (FeO) = (MO) + [Fe]$

（3）进入钢液中的 [O] 氧化：$[M] + [O] = (MO)$

上述反应中，后两者是间接氧化，是炼钢的基本反应。在炼钢过程中，各元素的氧化遵循一定的规律，其氧化物氧势小于 FeO 氧势的元素均可以被氧化。

10-2 请写出冰铜吹炼的主要反应。

答：冰铜吹炼第一周期主要反应为：

$$2(FeS)_{锍} + 3O_2 = 2(FeO)_{渣} + 2SO_2 (或\ Cu_2O(l) + FeS(l) = Cu_2S(l) + FeO(l))$$

第二周期的主要反应为：

$$2Cu_2O(l) + Cu_2S(l) \xlongequal{} 6Cu(l) + SO_2$$

10-3 湿法冶金的主要步骤都有哪些？分别阐述各自主要作用？

答：(1) 湿法冶金的主要步骤包括焙烧、浸出、净化和电解。

(2) 湿法冶金各步骤的主要作用为：

1）焙烧是通过控制气氛和温度将矿石中主要金属硫化物煅烧使其转化为主要金属氧化物或硫酸盐。

2）矿物浸出是利用适当的溶剂，在一定的条件下使矿石或精矿或焙烧矿中的一种或几种有价成分溶出，而与其中的脉石和杂质分离。

3）浸出液的净化是指矿物在浸出过程中，预提取的有价金属从原料中溶浸出来，同时，原料中的某些杂质也伴随进入溶液。为了便于沉积预提取有价金属成分，在沉积前，必须将某些杂质去除，以获得尽可能纯净的溶液。这样使水溶液中主体金属与杂质元素分离的过程就成为浸出液的净化，如离子沉淀法净化法就是溶液中某种离子在沉淀剂的作用下，形成难溶化合物形态而沉淀的过程。

4）在电解过程中，若溶液中金属离子以比水合离子更稳定的络合离子形态存在，则由于析出电位变负而不利于电解。几种阳离子在阴极共同放电的基本条件是析出电势相同，即金属的电极电势与其超电势之和相等。

10-4 高温分离提纯的实质是什么？其中物理精炼的方法主要有哪些？不同的物理精炼其主要原理分别是什么？

答：(1) 高温分离提纯的实质就是利用化学和物理的原理使主金属与杂质进入不同的相，从而实现两者的分离分离。

(2) 物理精炼的方法主要有熔析精炼、区域精炼、蒸发精炼、萃取精炼。

(3) 其中熔析精炼是利用杂质和主金属在两相中的分配比不同而分离；区域精炼和熔析精炼不一样，区域精炼是基于金属凝固平衡时杂质在固相和液相间平衡浓度不同原理来实现杂质与主体金属分离的，也就是杂质在固液两相中的溶解度不同（即溶解度差别），以平衡分配系数 K_0 来衡量，K_0 定义为杂质在固相中的浓度 C_s 对杂质在液相中的浓度 C_l 之比值；蒸发精炼是基于物质的饱和蒸汽压不同而分离，因此，两物质的饱和蒸汽压相差越小，则 β 值与 1 的差距越小，分离效果越差；萃取精炼是在熔融粗金属中加入第三种金属，该金属与粗金属中的杂质形成高熔点化合物而从熔融粗金属析出，从而实现杂质的分离。

10-5 试根据熔渣中渣-金间的脱磷反应离子表达式：

$$2[P] + 5[O] + 3(O^{2-}) \longrightarrow 2(PO_4^{3-})$$

说明熔渣脱磷的效果与哪些因素有关，以及脱磷的最佳热力学条件。（脱磷反应为强放热反应）

答：脱硫反应的平衡常数：$K^{\ominus} = \dfrac{a^2_{(PO_4^{3-})}}{a_P^2 \cdot a_O^5 \cdot a_{O^{2-}}^3}$

对上式变形可得：$a_P^2 = \dfrac{a^2_{(PO_4^{3-})}}{K^{\ominus} \cdot a_O^5 \cdot a_{O^{2-}}^3} = \dfrac{\gamma^2_{PO_4^{3-}} \cdot x^2_{PO_4^{3-}}}{K^{\ominus} \cdot f^5_{[O]} \cdot [w[O]]^5 \cdot a^3_{O^{2-}}}$

$$L_P = \frac{[w(PO_4^{3-})]}{[w[P]]} = \left(\frac{K_P^{\ominus} \cdot f^2_{[P]} \cdot a^5_{(FeO)} \cdot a^3_{(O^{2-})}}{\gamma^2_{\%,\ PO_4^{3-}}}\right)^{1/2}$$

$$= \frac{22350}{T} - 23.7 + 7\lg[w(CaO)] + 2.5\lg(\sum[w(Fe_xO)])$$

由上式可以了解到熔渣脱磷的效果与下述因素有关：

$K^{\ominus}$为温度；$a_{O^{2-}}$为碱度；$w[O]$为熔池的氧含量；$f_{[O]}$为钢液的组成及含量；$\gamma_{(PO_4^{3-})}$为熔渣的组成及含量；$a_{(PO_4^{3-})}$为脱磷产物的活度/浓度。

则可以得到强化脱磷的热力学条件是：

低温；高碱度；高氧势（氧化气氛）；铁（钢）水成分合适；熔渣的成分合适。

10-6　向温度为1500℃、含碳量5.1%的铁水中加入CaC_2作炉外脱硫处理。试求脱硫后铁水的最低含硫量。

已知1500℃时石墨在铁水中的溶解度为5.1%。

$$CaC_2(s) + [S] = 3CaS(s) + 2C \qquad \Delta_r G^{\ominus} = -352794 + 103.7T\ (J/mol)$$

碳的标准态为石墨，硫的标准态为符合亨利定律质量浓度为1%的假想溶液。

解：依题意，求饱和碳的铁水炉外电石脱硫后铁水的最终平衡含硫量。

根据化学反应等温方程：

$$\Delta_r G = \Delta_r G^{\ominus} + RT\ln\left(\frac{a_{[C]}^2}{a_{[S]}}\right) = 0$$

$$-352794 + 103.7T = -RT\ln\left(\frac{a_{[C]饱和}^2}{a_{[S]}}\right) = RT\ln a_{[S]}$$

$$\ln a_{[S]} = \frac{-352794 + 103.7T}{RT} = -\frac{-35294 + 103.7 \times 1773}{8.314 \times 1773} = -11.46$$

故：$a_{[S]} = 1.05 \times 10^{-5}$

由于$a_{[S]}$很小，即$a_{[S]} = [w[S]] = 1.05 \times 10^{-5}$

10-7　在623K的温度下进行粗铅加硫除铜，试问铅中铜可能降到何种程度？

已知：$4[Cu]_{Pb} + S_2 = 2Cu_2S(s) \qquad \Delta G_1^{\ominus} = -317566 + 101.04T(J/mol)$　　(1)

$2[Pb] + S_2 = 2[PbS]_{Pb} \qquad \Delta G_2^{\ominus} = -279742 + 134.93T(J/mol)$　　(2)

623K时铜在铅液中的饱和浓度为0.3%，铜的相对原子质量为63.55，铅的相对原子质量为207.2，假设Cu_2S与PbS互不相溶。

解：粗铅加硫除铜的反应为

$$[PbS] + 2[Cu] = Cu_2S(s) + Pb(l)$$

因为

$$x_{Cu} = x_{Cu(sat)}\sqrt[4]{\frac{p_{S_2(sat)}/p^{\ominus}}{p_{S_2(PbS)}/p^{\ominus}}}$$

当以纯物质为标准态时，Cu=[Cu]，ΔG=0，得：

T=623K时，$\Delta G_1^{\ominus}$=-254618(J/mol)

$$K_1 = 2.23 \times 10^{21}$$

$$p_{S_2(Cu_2S)}^{\ominus} = \frac{1}{K_1} = 4.478 \times 10^{-22}$$

同理$\Delta G_2^{\ominus}$=-195680.61(J/mol)

$$K_2 = 2.55 \times 10^{16}$$

$$p^{\ominus}_{S_2(Cu_2S)} = \frac{1}{k_2} = 3.916 \times 10^{-17}$$

代入
$$x_{Cu} = x_{Cu(sat)} \sqrt[4]{\frac{p_{S_2(sat)}/p^{\ominus}}{p_{S_2(PbS)}/p^{\ominus}}}$$

$$= 0.3\% \times \sqrt[4]{\frac{4.478 \times 10^{-22}}{3.916 \times 10^{-17}}}$$

$$= 1.744 \times 10^{-4}$$

或 $[w[Cu]] = \dfrac{1.744 \times 10^{-4} \times 63.55 \times 100}{1.744 \times 10^{-4} \times 63.55 + (1 - 1.744 \times 10^{-4}) \times 207.2} = 0.0054$

即铜可以降至0.0054%。

10-8　粗铅中含有少量锌，在663K通入氯气，将锌氯化入渣，其反应为：

$$[Zn]_{Pb} + (PbCl_2) = [Pb] + (ZnCl_2)$$

在663K时上述反应的 $\Delta G^{\ominus} = -60242(J/mol)$，设渣仅由 $PbCl_2 + ZnCl_2$ 组成的理想溶液，计算当渣中 $x_{ZnCl_2} = 0.983$ 时与其平衡的铅液中的含锌量。

已知锌在铅中呈无限稀溶液时，其活度为：$a_{Zn} = 29x_{Zn}$，锌的相对原子质量为65.38，铅的相对原子质量为207.2。

解：由化学反应：

$$[Zn]_{Pb} + (PbCl_2) = [Pb] + (ZnCl_2)$$

可知平衡时：$\Delta G^{\ominus} = -RT\ln K = -19.146T\lg \dfrac{a_{Pb} \cdot a_{(ZnCl_2)}}{a_{[Zn]} \cdot a_{(PbCl_2)}}$

因为 $a_{[Pb]} = 1$，$PbCl_2 + ZnCl_2$ 为理想溶液

故 $a_{(ZnCl_2)} = x_{(ZnCl_2)}$，$a_{(PbCl_2)} = x_{(PbCl_2)}$

所以：
$$-60242 = -19.146T\lg \frac{x_{(ZnCl_2)}}{a_{[Zn]} \cdot x_{(PbCl_2)}}$$

$$= -19.146T\lg \frac{x_{(ZnCl_2)}}{29x_{[Zn]} \cdot x_{(PbCl_2)}} \quad (1)$$

对渣来说：
$$x_{(PbCl_2)} + x_{(ZnCl_2)} = 1$$

所以：
$$x_{(PbCl_2)} = 1 - 0.983 = 0.017 \quad (2)$$

联立解（1）、（2）得：$x_{[Zn]} = 3.58 \times 10^{-5}$

相当于 $w(Zn) = 1.13 \times 10^{-3}$。

可见除锌是彻底的。

10-9　将石灰粉喷入温度为1500℃，组成为 $w[C] = 5.1\%$（饱和）、$w[S] = 0.08\%$、$w[Si] = 0.5\%$、$w[Mn] = 0.5\%$、$w[P] = 0.1\%$ 的铁水中进行炉外脱硫处理。试求铁水最后硫的浓度。

已知脱硫反应为：

$$[S] + CaO(s) + [C] = (CaS) + CO \quad \Delta_r G^{\ominus}_m = 157410 - 113.92T(J/mol)$$

$e_S^C = 0.112$，$e_S^{Mn} = -0.026$，$e_S^S = -0.028$，$e_S^{Si} = 0.063$，$e_S^P = 0.029$

解：$\Delta_r G_m^\ominus = 157410 - 113.92T = 157410 - 113.92 \times (1500 + 273)$

$= -44570.16(\text{J/mol})$

$$\lg K^\ominus = \frac{-\Delta_r G_m^\ominus}{2.303RT} = \frac{-(-44570.16)}{2.303 \times 8.314 \times (1500 + 273)} = 1.3129$$

则
$$K^\ominus = \frac{a_{CaS} \cdot (p_{CO}/p^\ominus)}{a_C \cdot a_{CaO} \cdot a_{[S]}} = \frac{1}{a_{[S]}} = 20.554$$

因为 $\lg f_S = e_S^C \cdot [w[C]] + e_S^S \cdot [w[S]] + e_S^{Si} \cdot [w[Si]] + e_S^{Mn} \cdot [w[Mn]] + e_S^P \cdot [w[P]]$

$= 0.112 \times 5.1 + (-0.028) \times 0.08 + 0.063 \times 0.5 + (-0.026) \times 0.5 + 0.029 \times 0.1$

$= 0.59036$

则
$$f_S = 3.8937$$

$$[w[S]] = \frac{1}{f_S \cdot K^\ominus} = \frac{1}{3.8937 \times 20.554} = 0.0125$$

10.4 测 试 题

10-1 什么是脱氧常数和选择性氧化？

答：脱氧常数是指在沉淀脱氧中，将脱氧剂加入的钢液中呈，再与钢液中 [O] 作用生成脱氧产物，其反应为：$x[M] + y[O] \rightarrow M_xO_y(s)$，则该反应的平衡常数为 $K^\ominus$。令 $K_M = \frac{1}{K^\ominus} = a_{[M]}^x \times a_{[O]}^y \approx [M]^x \times [O]^y$。则称 K_M 为脱氧元素 M 的脱氧常数。其数值大小代表该元素脱氧能力的弱强。对不同的元素而言，脱氧常数的大小决定了其脱氧能力的强弱。脱氧常数越小，则此脱氧元素的脱氧能力就越强。

选择性氧化是对于金属熔体，用控制温度及体系压力的方法，控制熔体中元素的氧化，达到保留某些元素或者氧化富集某些元素的目的，称为选择性氧化。

10-2 炼钢过程中存在的杂质磷对钢的性能有害，可以利用磷和氧生成 $P_2O_5(g)$ 除去。这种说法是否正确？

已知：$2[P] + 5[O] \xlongequal{} P_2O_5(g)$　$\Delta G^\ominus = -739651 + 534.83T(\text{J/mol})$

答：错，由 $\Delta G^\ominus = -RT\ln K^\ominus$，求得炼钢温度下 $K^\ominus = 4.4 \times 10^{-8}$，计算得 $P_2O_5(g)$ 分压很低，所以不能因 P_2O_5 气化而实现脱磷。

10-3 在对锌焙砂浸出液进行水解净化除铁时，中性浸出范围 pH = 5.0 ~ 5.2 内，就可以将杂质铁除之电解要求。这种说法是否正确？

答：错，在中性浸出范围 pH = 5.0 ~ 5.2 内，只能达到除尽 Fe^{3+} 的沉淀要求，对 Fe^{2+} 不能除去，必须加入氧化剂软锰矿或通入空气先将 Fe^{2+} 氧化为 Fe^{3+}，才能实现杂质铁的完全除去。

10-4 对绝大多数钢种，硫都能引起其加工和使用性能变坏，根据脱硫反应的标准吉布斯自由能变化与温度的关系式：

$$[S] + (CaO) \xlongequal{} (CaS) + [O] \qquad \Delta G^\ominus = 109000 - 29.25T(\text{J/mol})$$

试推导硫在钢-渣间的分配比 L_S，并说明熔渣脱硫的效果与哪些因素有关，以及脱硫的最佳热力学条件。你认为高炉炼铁和转炉炼钢那种工艺更适合于铁水脱硫？

答：硫在钢-渣间的分配比公式：

$$L_S = \frac{[w(S^{2-})]}{[w[S]]} = \frac{K_S^{\ominus} \cdot f_{[S]} \cdot a_{(O^{2-})}}{\gamma_{(S^{2-})} \cdot a_{[O]}}$$

根据硫在钢-渣间的分配比公式，可以了解到熔渣脱硫的效果与下述因素有关：$K_S^{\ominus}$为温度；$a_{(O^{2-})}$为碱度；$a_{[O]}$为熔池的氧势；$f_{[S]}$为钢液的组成及含量；$\gamma_{(S^{2-})}$为熔渣的组成及含量。

并可以得到脱硫的最佳热力学条件为：

高温；高碱度；低氧势（还原气氛）；铁（钢）水成分合适。

根据上述分析，相对于高炉炼铁，转炉炼钢工艺不适合于铁水脱硫。

10-5　对图 10-1 所示的两种图形进行分析，哪类情况平衡分配系数 $K_0 > 1$，哪类情况 $K_0 < 1$？平衡分配系数 K_0 对区域熔炼有何影响？

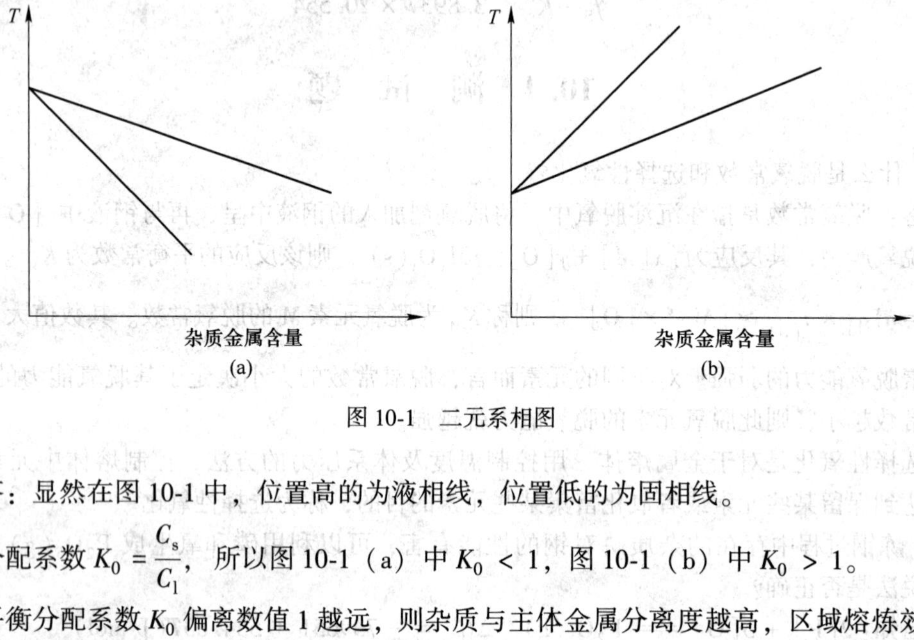

图 10-1　二元系相图

答：显然在图 10-1 中，位置高的为液相线，位置低的为固相线。

分配系数 $K_0 = \frac{C_s}{C_l}$，所以图 10-1（a）中 $K_0 < 1$，图 10-1（b）中 $K_0 > 1$。

平衡分配系数 K_0 偏离数值 1 越远，则杂质与主体金属分离度越高，区域熔炼效果越好；平衡分配系数 K_0 离数值 1 越近，则杂质与主体金属越不容易分离，区域熔炼的效果越差，甚至失效。

10-6　粗铜精炼过程中，电解液为 CuCl 水溶液。

已知：1) $Cl_2 + 2e \longrightarrow 2Cl^-$　　$\varepsilon^{\ominus} = +1.3583V$

2) $Cu^{2+} + 2e \longrightarrow Cu$　　$\varepsilon^{\ominus} = +0.34V$

3) $O_2 + 4H^+ + 4e \longrightarrow 2H_2O$　　$\varepsilon^{\ominus} = +1.229V$

4) $2H^+ + 2e \longrightarrow H_2$　　$\varepsilon^{\ominus} = 0V$

问：（1）分析说明粗铜精炼在阳极和阴极上的主要反应分别是什么？

（2）理论分解电压是多少？

答：（1）阳极上可能的反应有：

$$2Cl^- - 2e \longrightarrow Cl_2 \quad \varepsilon^{\ominus} = +1.3583V$$

$$Cu - 2e \longrightarrow Cu^{2+} \qquad \varepsilon^{\ominus} = +0.34V$$

$$2H_2O - 4e \longrightarrow O_2 + 4H^+ \qquad \varepsilon^{\ominus} = +1.229V$$

阳极反应为 $Cu - 2e \rightarrow Cu^{2+}$ 因其还原电位最小。

阴极上可能的反应有：

$$Cu^{2+} + 2e \longrightarrow Cu \qquad \varepsilon^{\ominus} = +0.34V$$

$$2H^+ + 2e \longrightarrow H_2 \qquad \varepsilon^{\ominus} = 0V$$

阴极反应为 $Cu^{2+} + 2e \rightarrow Cu$ 因其还原电位最大。

（2）理论分解电压

$$E_{ef}^{\ominus} = \varepsilon_{阳}^{\ominus} - \varepsilon_{阴}^{\ominus} = 0.34 - 0.34 = 0V$$

10-7　炼钢过程中碳的氧化反应起哪些作用？

答：碳的氧化反应是炼钢过程中最重要的反应。因为它是需要去除的含量最多的元素，而且在它的除去过程中，对其他元素的去除也有极大的积极作用。

①碳氧化生成一氧化碳气泡，促进熔池强烈搅拌，加强传热和传质，均匀成分和温度；

②可以加快其他反应的反应速率，熔池温度升高加快；

③上浮的 CO 气泡能从钢液中富集溶解于钢液中的［H］、［N］，并从熔池中排除；

④促进钢液中夹杂物上浮排出；

⑤利用选择温度使某些有价元素形成选择性氧化，能在钢液中保留或在渣中富集有价元素。

10-8　什么叫碳氧积？它的一般理论值是多少？

答：脱碳反应：$[C] + [O] === CO$

当在敞开体系中，$p = p^{\ominus}$，$f_{[C]} \cdot f_{[O]} = 1$ 时：

$$K^{\ominus} = \frac{p_{CO}/p^{\ominus}}{a_{[C]} \cdot a_{[O]}} = \frac{1}{w[C] \cdot w[O]}$$

式中，$K^{\ominus}$为温度的函数，只与温度有关。

当温度给定时，$K^{\ominus}$是常数。则有：

$$w[C] \cdot w[O] = \frac{1}{K^{\ominus}} = m$$

式中，m 为钢液中脱碳反应达到平衡时的“碳氧积”。在炼钢温度、标准压力下，其一般理论值 $m = 0.0025$。

10-9　在 1650℃ 单独用铝脱氧，试求钢液中氧气量从 0.004% 下降到 0.0008%，需要加入多少铝？

已知：脱氧反应为 $2[Al] + 3[O] === Al_2O_3(s)$

其脱氧常数 $K_{Al} = a_{Al}^2 \cdot a_O^3 \approx [w[Al]]^2 \cdot [w[O]]^3 = 1.55 \times 10^{-14}$。

解：（1）氧含量由 0.004%降低到 0.0008%（<0.06%）其脱氧反应为：

$$2[Al] + 3[O] \longrightarrow Al_2O_3(s)$$

则降低氧含量消耗的铝量为 $\frac{2 \times 27 \times (0.004 - 0.0008)}{3 \times 16} = 0.0036\%$

（2）在 1650℃ 与残留 $w[O]$ 相平衡钢中的铝含量为：

铝脱氧常数：$K_{Al} = [w[Al]]^2 \cdot [w[O]]^3 = 1.55 \times 10^{-14}$

则
$$[w[Al]] = \sqrt{\frac{1.55 \times 10^{-14}}{0.0008^3}} = 5.5 \times 10^{-3}\%$$

最后总插铝量为上述两部分之和：$0.0036\% + 5.5 \times 10^{-3}\% = 9.10 \times 10^{-3}\%$

即每吨钢水氧含量降低到规定程度所需总插铝量为0.091kg。

10-10　将含$w[C]=4.5\%$，$w[Si]=0.6\%$的铁水兑入转炉中，在1300℃下吹氧炼钢，假定气体压力为1.01325×10^5Pa，生成的SiO_2为纯物质。试问：铁水中的碳和硅哪个先氧化？

已知：$e_C^C = 0.14$，$e_C^{Si} = 0.08$，$e_{Si}^{Si} = 0.11$，$e_{Si}^C = 0.18$

$$C(s) + 1/2O_2 = CO \quad \Delta G^\ominus = -117990 - 84.35T(J/mol) \quad (1)$$

$$Si(l) + O_2 = SiO_2(s) \quad \Delta G^\ominus = -947680 + 196.86T(J/mol) \quad (2)$$

$$C(s) = w[C] \quad \Delta G^\ominus = -22590 - 42.26T(J/mol) \quad (3)$$

$$Si(l) = w[Si] \quad \Delta G^\ominus = -131550 - 17.24T(J/mol) \quad (4)$$

答：硅先氧化。

11 湿法分离提纯过程

11.1 知 识 梳 理

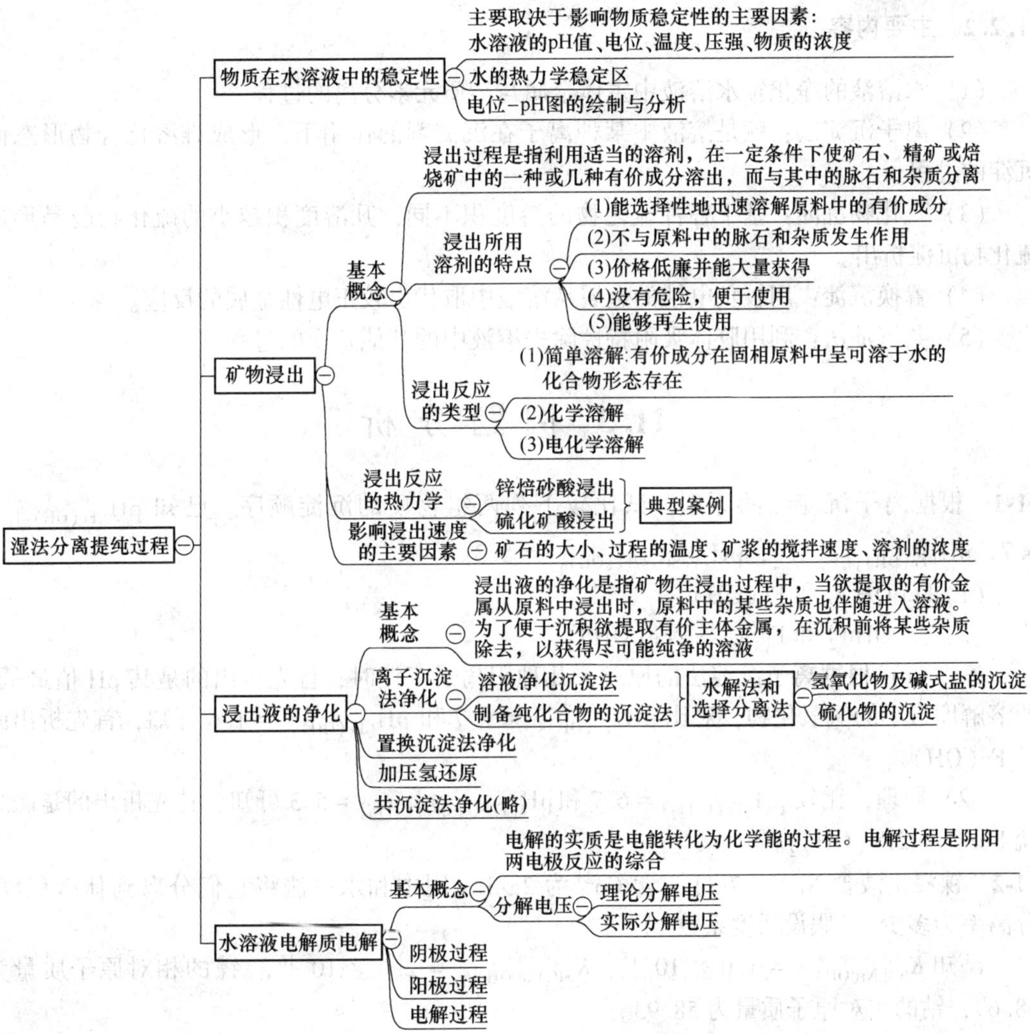

11.2　基本要求及主要内容

11.2.1　基本要求

（1）了解水溶液的热力学性质。(重点)

（2）理解并掌握浸出过程的热力学特点。(重点)

（3）理解并掌握浸出液的净化和沉积原理。什么是金属离子的水解？何为置换？(重点)

（4）理解并掌握电解沉积原理，电极过程的动力学原理，阴极和阳极过程，电解过程的技术经济指标。(重难点)

11.2.2　主要内容

（1）水溶液的净化：水溶液中主体金属与杂质元素分离的过程。

（2）离子沉淀法：就是溶液中某种离子在沉淀剂的作用下，形成难溶化合物形态而沉淀的过程。

（3）硫化物沉淀：基于各种硫化物的溶度积不同，凡溶度积越小的硫化物越易形成硫化物沉淀析出。

（4）置换沉淀：用较负电性的金属从溶液中取代出较正电性金属的反应。

（5）共沉淀法：利用胶体吸附特性除去溶液中的其他杂质的过程。

11.3　例 题 分 析

11-1　根据离子沉淀法的原理，试比较下列两组物质的沉淀顺序。已知 $pH_{[Fe(OH)_2]}=6.7$，$pH_{[Fe(OH)_3]}=1.6$，$pH_{[FeSO_4 \cdot 2Fe(OH)_2]}=5.3$。

(1) $Fe(OH)_2$ 和 $Fe(OH)_3$。

(2) $Fe(OH)_2$ 和 $FeSO_4 \cdot 2Fe(OH)_2$。

答：(1) 根据离子沉淀法的原理，几种阳离子沉淀时，首先析出的是其 pH 值最低，即溶解度最小的氢氧化物，对比 $pH_{[Fe(OH)_2]}=6.7$ 和 $pH_{[Fe(OH)_3]}=1.6$ 可知，首先析出的是 $Fe(OH)_3$。

(2) 同理，比较 $pH_{[Fe(OH)_2]}=6.7$ 和 $pH_{[FeSO_4 \cdot 2Fe(OH)_2]}=5.3$ 可知，首先析出的是碱式盐 $FeSO_4 \cdot 2Fe(OH)_2$。

11-2　镍浸出液含 Ni^{2+} 为 7g/L，含 Co^{2+} 为 2g/L，用中和水解法将它们分离到什么程度？分离率为多少？(假设活度系数 1)

已知 $K_{SP[Ni(OH)_2]}=1.0\times10^{-15}$，$K_{SP[Co(OH)_2]}=2.0\times10^{-16}$，镍的相对原子质量为 58.69，钴的相对原子质量为 58.93。

解：由于 $Co(OH)_2$ 的溶度积小，所以沉钴分离。

根据 $\dfrac{c_{Me1}^{z+}}{c_{Me2}^{z+}}=\dfrac{K_{SP1}}{K_{SP2}}$ 有：

$$[Co^{2+}]_{残} = \frac{K_{SP[Co(OH)_2]}}{K_{SP[Ni(OH)_2]}} \times n[Ni^{2+}] = \frac{2.0 \times 10^{-16}}{1.0 \times 10^{-15}} \times \frac{7}{58.69} = 0.0239(mol/L)$$

即 Co^{2+} 可降至 0.0239mol/L，相当于 1.0408g/L。

钴的分离率为 $\frac{2-1.0408}{2} \times 100\% = 29.6\%$

即只有 29.6% 的 Co^{2+} 从溶液中以 $Co(OH)_2$ 的形态析出，大部分留在溶液中，故水解法分离效果极差，不易采用。

11-3 某有色金属矿，其坑道废水溶液中含 Cd^{2+} 为 $a_{Cd^{2+}}=0.05$，含 Fe^{2+} 为 $a_{Fe^{2+}}=1$，298K 时向其中投入铁屑，能否将镉置换出来？该置换反应的平衡常数为多少？

已知：$a^{\ominus}_{Fe^{2+}/Fe} = -0.440V$，$\varepsilon^{\ominus}_{Ca^{2+}/Cd} = -0.403V$

解：置换反应为：$Cd^{2+} + Fe = Cd + Fe^{2+}$

（1）如果镉能被置换出来的话，必须满足 $\Delta G = -zFE = -zF(\varepsilon_{Cd^{2+}/Cd} - \varepsilon_{Fe^{2+}/Fe}) < 0$

即 $$\varepsilon_{Cd^{2+}/Cd} = \varepsilon^{\ominus}_{Ca^{2+}/Ca} + \frac{RT}{2F}\ln a_{Cd^{2+}} > \varepsilon^{\ominus}_{Fe^{2+}/Fe} + \frac{RT}{2F}\ln a_{Fe^{2+}} = \varepsilon_{Fe^{2+}/Fe}$$

由题意知：$\varepsilon_{Cd^{2+}/Cd} = -0.403 + 0.0296\lg 0.05 = -0.4415V$

$$\varepsilon_{Fe^{2+}/Fe} = -0.440 + 0.0296\lg 1 = -0.440V$$

可见：$\varepsilon_{Fe^{2+}/Fe} > \varepsilon_{Cd^{2+}/Cd}$，$\Delta G = -zFE = -zF(\varepsilon_{Cd^{2+}/Cd} - \varepsilon_{Fe^{2+}/Fe}) > 0$

所以用铁在溶液中不能将镉还原出来。

反应平衡时，该电池的电动势为：

$$E^{\ominus} = \varepsilon^{\ominus}_{Cd^{2+}/Cd} - \varepsilon^{\ominus}_{Fe^{2+}/Fe} = 0.037$$

（2）由 $E^{\ominus} = -\frac{\Delta G^{\ominus}}{zF} = \frac{2.303 \times RT}{zF}\lg K$ 可知：

$$\lg K = -\frac{zFE^{\ominus}}{2.303RT} = \frac{2 \times 96484.6 \times 0.037}{2.303 \times 8.314 \times 298} = 1.251$$

$$K = 17.82$$

11.4 测 试 题

11-1 欲在 298K 使 Co^{2+} 氧化 Co^{3+} 以便水解沉淀，若使 99.9% 的 Co^{2+} 氧化为 Co^{3+}，则氧化剂的电位至少为何值？已知 $\varepsilon^{\ominus}_{Co^{3+}/Co^{2+}} = 1.808V(298K)$。

解：反应 $Co^{3+} + e = Co^{2+}$ $\quad \varepsilon^{\ominus}_{Co^{3+}/Co^{2+}} = 1.808V(298K)$

根据能斯特方程：

$$\varepsilon_{Co^{3+}/Co^{2+}} = \varepsilon^{\ominus}_{Co^{3+}/Co^{2+}} + \frac{RT}{ZF}\ln\frac{a_{Co^{3+}}}{a_{Ca^{2+}}} = 1.808 + 0.0591\lg\left(\frac{0.999}{0.001}\right) = 1.986V$$

11-2 在连铸置换的锥形置换槽中，用铁屑置换硫酸铜溶液中的铜，在 298K 时置换槽出口溶液中含 Fe^{2+} 为 0.6g/L，试计算出口溶液中 Cu^{2+} 和 Fe^{3+} 的理论含量（设活度系数为 1）。（铁的相对原子质量为 55.85g/mol）

已知：$Cu^{2+} + e = Cu$ $\quad \varepsilon^{\ominus}_{Cu^{2+}/Cu} = 0.337V$

$$Fe^{2+} + 2e = Fe \quad \varepsilon^{\ominus}_{Fe^{2+}/Fe} = -0.440V$$
$$Fe^{3+} + 3e = Fe \quad \varepsilon^{\ominus}_{Fe^{3+}/Fe} = -0.036V$$

解：从各标准电极电位来看，置换铜的热力学推动力以 $Cu^{2+} + Fe = Cu + Fe^{2+}$ 最大，只要铁过剩，就可将铜降至极限程度。

由下式计算残余浓度：

$$\varepsilon^{\ominus}_{Cu^{2+}/Cu} + \frac{RT}{2F}\ln[Cu^{2+}]_{残} = \varepsilon^{\ominus}_{Fe^{2+}/Fe} + \frac{RT}{2F}\ln[Fe^{2+}]$$
$$0.337 + 0.0296\lg[Cu^{2+}]_{残} = -0.440 + 0.0296\lg[Fe^{2+}]$$
$$\lg[Cu^{2+}]_{残} = -28.22 \qquad [Cu^{2+}]_{残} = 6.026 \times 10^{-29}(mol/L)$$

有铁过剩时，Fe^{2+}和Fe^{3+}也有一个平衡关系：

$$\varepsilon^{\ominus}_{Fe^{3+}/Fe} + \frac{RT}{2F}\ln[Fe^{3+}] = \varepsilon^{\ominus}_{Fe^{2+}/Fe} + \frac{RT}{2F}\ln[Fe^{2+}]$$
$$[Fe^{3+}] = 3.6 \times 10^{-24} mol/L$$

可见，从热力学来说，只要金属铁存在，该置换过程中铁几乎都以 Fe^{2+}形态进入溶液，而 Fe^{3+}可以忽略。

11-3　推算二价钴离子水解沉淀的 pH 平衡方程，并求 $a_{Co^{2+}} = 2.5 \times 10^{-4}$ 时的 pH 值。当溶液中硫酸锌的活度为 6.955×10^{2} mol/L，试问能否用水解沉淀法将二价钴离子从硫酸锌溶液中除去？

解：(1) 二价钴离子的水解反应为：

$$Co^{2+} + 2OH^- = Co(OH)_2(s)$$
$$K_{SP} = a_{Co^{2+}} \cdot a^2_{OH^-} = a_{Co^{2+}} \cdot (K_w/a_{H^+})^2$$

两边取对数据整理得：

$$pH_{Co(OH)_2} = 1/2\lg K_{SP} - 1/2\lg a_{Co^{2+}}$$

可得
$$pH_{Co(OH)_2} = 1/2\lg 2.0 \times 10^{-16} - \lg 10^{-14} - 1/2\lg a_{Co^{2+}}$$
$$= 6.15 - 1/2\lg a_{Co^{2+}}$$

(2) $a_{Co^{2+}} = 2.5 \times 10^{-4}$　　$pH_{Co(OH)_2} = 7.95$

(3) $pH_{Zn(OH)_2} = 5.57 < pH_{Co(OH)_2}$

所以不能用水解法除去 Co^{2+}。

11-4　锌浸出液采用锌粉置换法除去溶液中的铜杂质，已知锌活度为 6.955×10^{-2}，问用此方法除铜的限度值是多少？

答：锌置换溶液中铜的杂质反应：$Zn + Cu^{2+} = Zn^{2+} + Cu$

由反应平衡条件：$\varepsilon_{Zn} = \varepsilon_{Cu}$

$$\varepsilon^{\ominus}_{Zn^{2+}} + \frac{RT}{2F}\ln a_{Zn^{2+}} = \varepsilon^{\ominus}_{Cu^{2}} + \frac{RT}{2F}\ln a_{Cu^{2+}}$$

计算可得平衡时溶液中铜离子的浓度，即为除铜的限度值。

第三篇　冶金过程动力学基础

知 识 梳 理

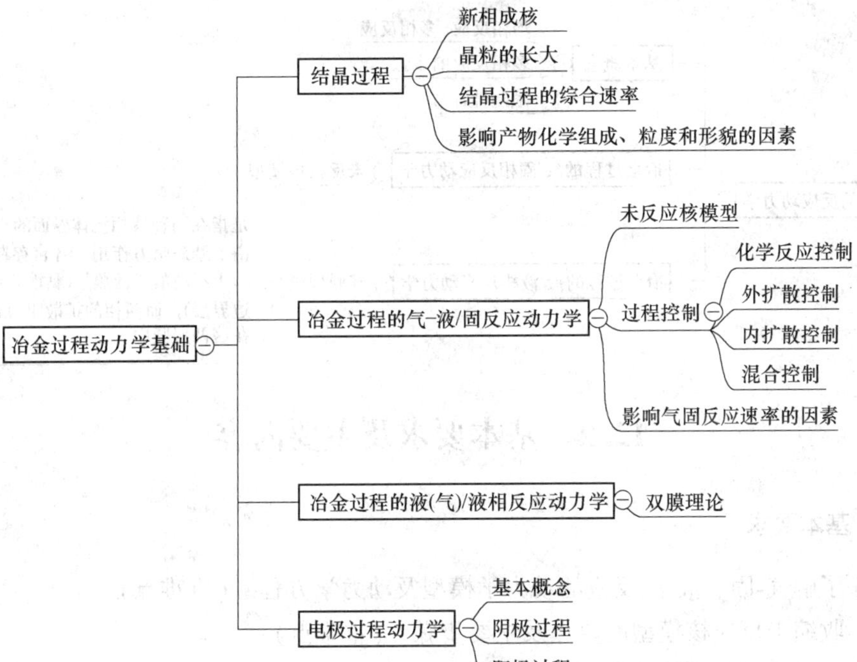

总 体 要 求

(1) 掌握成核与长大的机理，理解成核动力学公式的物理意义，会应用晶体形成动力学公式。

(2) 掌握双膜理论，并会应用。

(3) 熟练掌握流/固相反应的动力学步骤、自动催化机理及各种物理因素对反应速度的影响；掌握化学反应控制、扩散控制动力学方程；特别是掌握其应用前提条件；了解混合控制的动力学方程。

(4) 掌握浓差极化的动力学方程；对于电化学极化，重点掌握塔菲尔方程并会用来进行各种分析计算；了解巴-伏方程的推导及与塔菲尔方程的关系。

(5) 掌握不同金属上析氢反应的极化特点、阳离子共同放电的条件；掌握金属的阳极溶解和钝化、电解氧化。

12 冶金过程反应的动力学

12.1 知识梳理

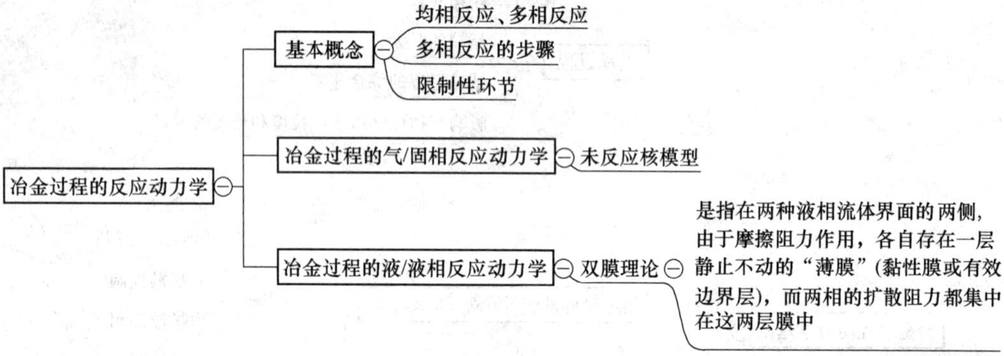

12.2 基本要求及主要内容

12.2.1 基本要求

(1) 了解气-固、液-液反应的动力学模型及动力学方程。(重难点)

(2) 收缩未反应核模型的要点及主要步骤。(重难点)

(3) 双膜理论的假设及要点。(重点)

(4) 了解气（液)/固、气（液)/液反应的机理。

12.2.2 主要内容

(1) 限制性环节：对多相反应，若其中某一过程阻力特别大，对整个反应的速度起着决定性的作用，以致其他几个过程的阻力可以忽略不计时，就将这一个步骤中速率最慢的环节称为整个反应过程的限制环节或速控步。

(2) 未反应核模型：反应过程中颗粒大小不变，核心不发生反应，但反应界面不断向核心推进的气-固反应模型。

(3) 双膜理论：在两种液相流体界面的两侧，由于摩擦阻力作用，各自存在一层静止不动的“薄膜”（黏性膜或有效边界层），而两相的扩散阻力都集中在这两层膜中，这一理论称为双膜理论。

12.3 例题分析

12-1 什么是限制性环节，限制性环节的确定方法？

答：对多相反应，若其中某一过程阻力特别大，对整个反应的速度起着决定性的作用，以致其他几个过程的阻力可以忽略不计时，就将这一个步骤中速率最慢的环节称为整个反应过程的限制性环节或速控步。

确定方法：活化能法、浓度差法、搅拌强度法。

12-2 什么是未反应核模型？如何确定气固相反应的控制步骤？讨论反应剂及温度对气固反应的影响？

答：(1) 未反应核模型是反应过程中颗粒大小不变，核心不发生反应，但反应界面不断向核心推进的气-固反应模型。

(2) 在气-固相反应中，当液体或气体的流速较快时，外扩散通常不是限制性步骤；若温度较高，化学反应速度快；产物层较厚、产物较致密时，内扩散速度慢而成为限制性环节——反应受内扩散控制（反应处于扩散区）；当温度较低、产物疏松时，内扩散速度快，结晶化学反应可能成为限制性环节——反应受动力学控制（反应处于动力学区）。

12-3 多相反应与均相反应的差异？在处理动力学问题上与其有什么不同？

答：多相反应：参与反应的各物质处于不同的相内进行化学反应。

均相反应：参与反应的各物质均处于同一个相内进行化学反应。

多相反应特征：在不同的界面上发生，反应物要从本体内部传输到反应界面，并在界面处发生化学反应，生成物要从界面处离开。因此多相反应的动力学问题必须考虑物质传输对反应速率的影响。

12-4 冶金过程的液（气）/液反应的动力学的经典模型是什么？其主要内容是什么？

答：冶金过程的液（气）/液反应的动力学的经典模型是双膜理论。双膜理论是在两种液相流体界面的两侧，由于摩擦阻力作用，各自存在一层静止不动的“薄膜”（黏性膜或有效边界层），而两相的扩散阻力都集中在这两层膜中。

12-5 简述双膜理论主要内容。

答：对于液/液相反应：

$$[A] + (B^{z+}) = (A^{z+}) + [B]$$

式中　[A]，[B] ——金属液中以原子状态存在的组元 A、B；

(A^{z+})，(B^{z+}) ——熔渣中以正离子状态存在的组元 A、B。

因此，双膜理论的主要内容如下：

(1) 在两个流动相的相界面两侧，都有一个边界薄膜。物质从一相进入另一相的传质过程的阻力集中在界面两侧膜内。

(2) 在界面上，物质的交换处于动态平衡。

(3) 在每相的区域内，被传输组元的物质流密度（J），对液体来说与该组元在液体内和界面处的浓度差 C_i-C_b 成正比；对于气体来说，与该组元在气体界面处及气体体内分压差 P_i-P_b 成正比。

(4) 对流体 1/流体 2 组成的体系中，两个薄膜中流体是静止不动的，不受流体内流动状态的影响。各相中的传质被看作是独立进行的，互不影响。

12-6　简述未反应核模型的要点。

答：假设：

（1）气或固反应的一般反应式为：

$$A(g) + bB(s) = gG(g) + sS(s)$$

（2）固体反应物 B 是致密的或无孔隙的，则反应发生在气或固相的界面上，即具有界面化学反应特征。

未反应核模型如图 12-1 所示。

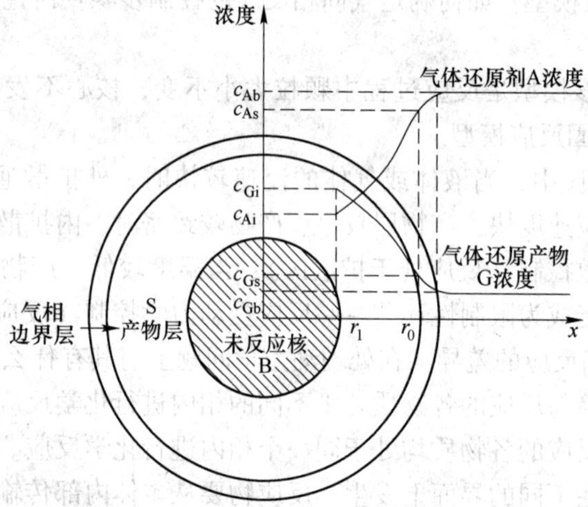

图 12-1　未反应核模型

在 B 和气体 A 之间的气或固反应由以下步骤组成：

（1）气体反应物 A 通过气相扩散边界层到达固体反应物表面的外扩散。

（2）气体反应物通过多孔的还原产物（S）层，扩散到化学反应界面的内扩散。（在气体反应物向内扩散的同时，还可能有固态离子通过固体产物层的扩散。）

（3）气体反应物 A 在反应界面与固体反应物 B 发生化学反应，生成气体产物 G 和固体产物 S 的界面化学反应，由气体反应物的吸附、界面化学反应及气体产物的脱附等步骤组成。

（4）气体产物 G 通过多孔的固体产物（S）层扩散到达多孔层的表面。

（5）气体产物通过气相扩散边界层扩散到气体体相内。

12.4　测　试　题

12-1　H_2 还原 FeO 的过程包括哪几个环节，限制性环节一般是什么？

答：包括五个环节：H_2 的外扩散、H_2 的内扩散、界面化学反应、H_2O 的内扩散、H_2O 的外扩散。

限制性环节一般是：H_2 的内扩散和界面化学反应。

12-2　CO 还原 Fe_3O_4 的过程包括哪几个环节，限制性环节一般是什么？

答：CO 还原 Fe_3O_4 的过程包括五个环节：CO 的外扩散、CO 的内扩散、界面化学反应、CO_2 的内扩散、CO_2 的外扩散。

限制性环节一般是：CO 的内扩散和界面化学反应。

12-3　直径为 1.2cm 的 FeO 球团，在 800℃、0.1MPa 的 CO 气流内进行还原，还原产物是多孔结构铁。已知还原反应属于 CO 气体在产物层内扩散控速，球团密度 4.8×10^3kg/m^3，$M_{FeO}=72\times10^{-3}$kg/mol，产物层内 CO 有效扩散系数 2×10^{-4}m^2/s，还原反应：

$$FeO(s) + CO(g) = Fe(s) + CO_2(g) \quad K^{\ominus} = 0.696$$

假设还原前后球团直径不变，求完全还原所需要的时间。

答案：302s。

12-4　在熔池深度为 40cm 的圆筒状铁水罐中进行铁水脱硅的熔渣-金属间反应，即

$$[Si] + 2(Fe^{2+}) = (Si^{4+}) + 2[Fe]$$

（1）写出反应的动力学步骤；

（2）假设钢液内部硅扩散是控速环节，某一时刻浓度差 $\Delta w_{[Si]}=0.04\%$，边界层厚度 $\delta=0.004$cm，$D_{[Si]}=4\times10^{-4}$cm^2/s，并计算出瞬时脱硅速率（$dw_{[Si]}/dt$）。

答案：1×10^{-6} L/s。

13 电极过程动力学

13.1 知 识 梳 理

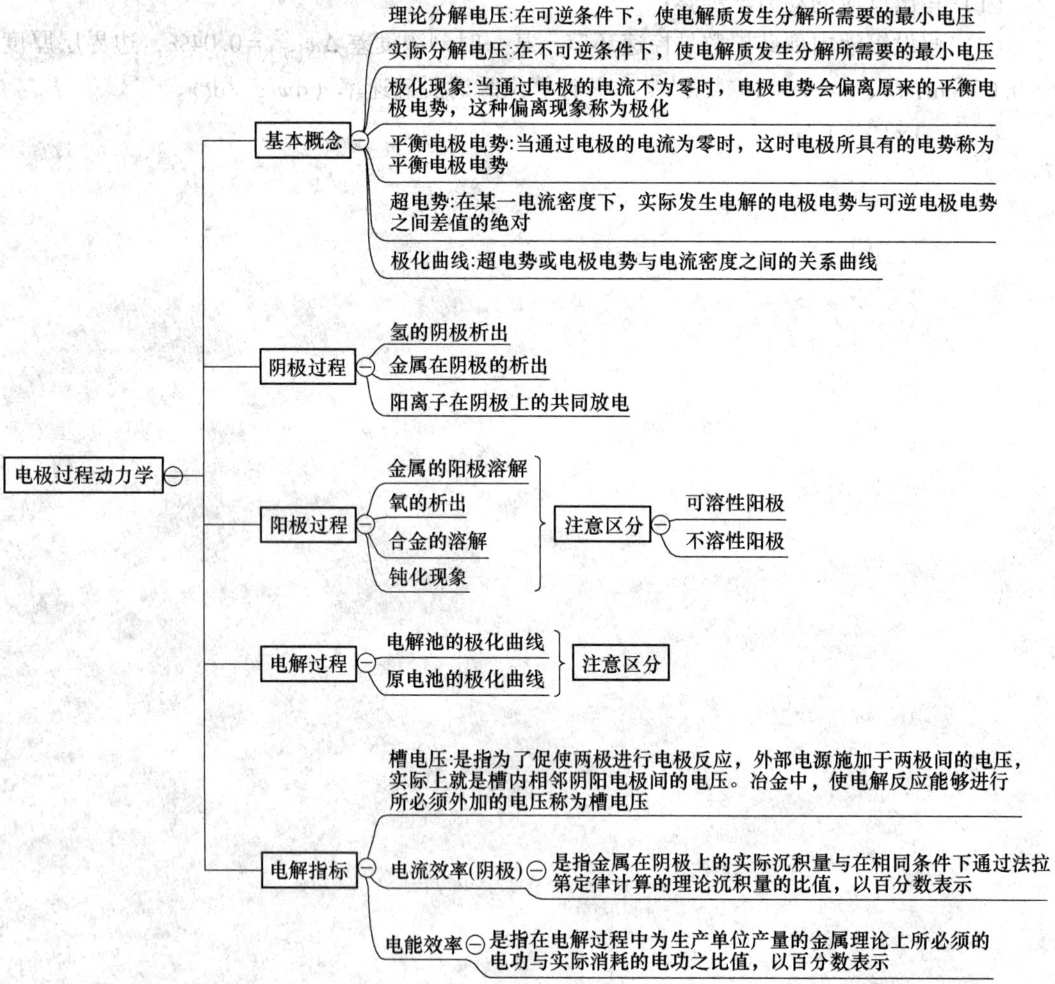

13.2 基本要求及主要内容

13.2.1 基本要求

(1) 了解电解的基本原理，理解电解过程中阴极反应、阳极反应、电解质的基本概念。(重点)

(2) 理解水溶液电解过程中的阴极反应和阳极反应。(难点)

(3) 理解电解过程中分解电压的概念，了解理论分解电压和实际分解电压的不同。(重点)

(4) 理解电解过程槽电压的概念。

(5) 掌握电流效率和电能效率的计算方法。

(6) 理解平衡电位、极化的概念，并分析极化产生的原因。(重点)

(7) 理解电解过程中金属阳离子共同放电的条件，要求对计算离子共同放电的浓度。(重难点)

13.2.2 主要内容

(1) 理论分解电压：某电解质水溶液，若欧姆电阻很小可忽略不计，在可逆情况下使之分解所必须外加的最小电压，称为理论分解电压。

(2) 实际分解电压：能使电解质溶液连续不断地（以明显的速率）发生电解反应所必须外加的最小电压称为实际分解电压。

(3) 电极的极化：有电流通过时，随着电极上电流密度的增加，电极实际分解电势对平衡值的偏离越来越大，这种对平衡电势的偏离现象称为电极的极化。

(4) 超电势：在某一电流密度下，实际发生电解的电极电势与平衡电极电势之间的差值。

(5) 极化曲线：超电势或电极电势与电流密度之间的关系曲线。

(6) 钝化现象：在阳极极化时，阳极电极电位将对其平衡电位偏离，则发生阳极金属的氧化溶解。随着电流密度的提高，极化程度的增大，则偏离越大，金属的溶解速度也越大。当电流密度增大至某一值后，极化达到一定程度时，金属的溶解速度不但不增高，反而剧烈地降低。金属表面由“活化”溶解状态，转变为“钝化”状态。这种由“活化态”转变为“钝化态”的现象，称为阳极钝化现象。

(7) 槽电压：对一个电解槽来说，为使电解反应能够进行所必须外加的电压。

(8) 电流效率：一般是指阴极电流效率，即金属在阴极上沉积的实际量与在相同条件下按法拉第定律计算得出的理论量之比值（以百分数表示）。

电能效率：是指在电解过程中为生产单位产量的金属理论上所必需的电能 W' 与实际消耗的电能 W 之比值（以百分数表示）。

13.3 例题分析

13-1 在电位序列中电性最负的一些金属，如铝、镁，为什么不能用电解法从其盐类的水溶液中析出，而只能用熔盐电解法制取？

答：轻金属不能用水溶液电解的方法生产，因为阴极上只有氢析出，且只有相应金属的氧化水合物生成。因此，对于电性最负的一些金属不能采用电解法从其水溶液中电解析出。

13-2　用铜电极电解 CuCl 水溶液。已知

(1) $Cl_2 + 2e \longrightarrow 2Cl^-$　　$\varepsilon^{\ominus} = +1.3583V$

(2) $Cu^{2+} + 2e \longrightarrow Cu$　　$\varepsilon^{\ominus} = +0.34V$

(3) $O_2 + 4H^+ + 4e \longrightarrow 2H_2O$　　$\varepsilon^{\ominus} = +1.229V$

(4) $2H^+ + 2e \longrightarrow H_2$　　$\varepsilon^{\ominus} = 0V$

问：(1) 分析说明在阳极和阴极上的主要反应分别是什么？

(2) 理论分解电压是多少？

答：(1) 阳极上可能的反应有：

1) $2Cl^- - 2e \longrightarrow Cl_2$　　$\varepsilon^{\ominus} = +1.3583V$

2) $Cu - 2e \longrightarrow Cu^{2+}$　　$\varepsilon^{\ominus} = +0.34V$

3) $2H_2O - 4e \longrightarrow O_2 + 4H^+$　　$\varepsilon^{\ominus} = +1.229V$

阳极反应为 $Cu - 2e \rightarrow Cu^{2+}$ 因其还原电位最小。

阴极上可能的反应有：

1) $Cu^{2+} + 2e \longrightarrow Cu$　　$\varepsilon^{\ominus} = +0.34V$

2) $2H^+ + 2e \longrightarrow H_2$　　$\varepsilon^{\ominus} = 0V$

阴极反应为 $Cu^{2+} + 2e \rightarrow Cu$ 因其还原电位最大。

(2) 理论分解电压

$$E_{ef}^{\ominus} = \varepsilon_{阳}^{\ominus} - \varepsilon_{阴}^{\ominus} = 0.34 - 0.34 = 0(V)$$

13-3　(1) 写出电解精炼时粗铜做阳极时的阳极反应及湿法冶金从硫酸铜溶液中电解沉积铜时用金属铅做阳极时的阳极反应。

(2) 列出在电解过程中铜的可溶阳极电解和不溶性阳极电解的阳极反应式，并指出哪种电解方式的槽电压高。

答：(1) 粗铜做阳极进行电解精炼时的阳极反应为：

$$Cu - 2e \longrightarrow Cu^{2+}$$

湿法冶金从硫酸铜溶液中电解沉积铜时用金属铅做阳极，其阳极反应为：

$$2H_2O - 4e \longrightarrow O_2 + 4H^+$$

(2) 电解过程中

对可溶性阳极而言：

$$Cu - 2e = Cu^{2+}$$

对不溶性阳极而言：

$$Cu + 2H_2O = Cu(OH)_2 + 2H^+$$

$$Cu(OH)_2 = CuO + H_2O$$

由于在阳极表面形成一层致密的氧化物薄层，阻碍了阳极进一步溶解，产生钝化现象，因而其电极电位较高，电能消耗大。即不溶性阳极电解，槽电压较高。

13-4　某溶液中含活度为 1 的 Zn^{2+} 和 Fe^{2+}，已知氢在铁上的超电势为 0.4V。如果使离子

析出次序为 Fe^{2+}、H_2、Zn^{2+}，试计算：

（1）在 298K 时溶液的 pH 值最大不能超过多少？

（2）在此最大 pH 值溶液中氢开始放电时，Fe^{2+}的浓度为多少？

已知 $\varepsilon^{\ominus}_{Fe^{2+}/Fe} = -0.44V$，$\varepsilon^{\ominus}_{Zn^{2+}/Zn} = -0.763V$，$p_{H_2} = p^{\ominus}$

解：根据阳离子在阴极共同放电的基本条件：析出电势即金属的平衡电极电势与其超电势之和相等，可知：

（1）$Fe^{2+} + 2e \longrightarrow Fe$　　　$\varepsilon_{Fe^{2+}/Fe} = \varepsilon^{\ominus}_{Fe^{2+}/Fe} + \frac{RT}{ZF}\ln a_{Fe^{2+}}$

因为$a_{Fe^{2+}} = 1$，$\varepsilon_{Fe^{2+}/Fe} = \varepsilon^{\ominus}_{Fe^{2+}/Fe} = -0.44V$

$Zn^{2+} + 2e \longrightarrow Zn$　　　$\varepsilon_{Zn^{2+}/Zn} = \varepsilon^{\ominus}_{Zn^{2+}/Zn} + \frac{RT}{ZF}\ln a_{Zn^{2+}}$

因为 $a_{Zn^{2+}} = 1$，$\varepsilon_{Zn^{2+}/Zn} = \varepsilon^{\ominus}_{Zn^{2+}/Zn} = -0.763V$

$$2H^+ + 2e \longrightarrow H_2$$

$$\varepsilon_{H^+/H_2} = \varepsilon^{\ominus}_{H^+/H_2} - \frac{RT}{2F}\ln\left(\frac{p_{H_2}/p^{\ominus}}{a^2_{H^+}}\right) = 0 - 0.0296\lg\left(\frac{p_{H_2}}{p^{\ominus}}\right) + 0.0592\lg a_{H^+}$$

$$= -0.0592pH$$

则氢的析出电位为：$\varepsilon_{H^+/H_2} = -0.0592pH - \eta = -0.0592pH - 0.40$

当氢和锌同时析出时，溶液的 pH 值最大。

即 $\varepsilon_{Zn^{2+}/Zn} = \varepsilon_{H^+/H_2}$，即 $-0.763 = -0.0592pH - 0.40$

$$pH = \frac{-0.763 + 0.4}{-0.0592} = 6.132$$

（2）在此最大 pH 值溶液中氢开始放电时，Fe^{2+}的浓度为：

$$-0.763 = -0.44 + \frac{RT}{ZF}\ln a_{Fe^{2+}} = -0.44 + 0.0296\lg a_{Fe^{2+}}$$

$$a_{Fe^{2+}} = 1.224 \times 10^{-11}mol/L$$

13-5　某湿法炼锌厂电解车间的每个电解槽 24h 能产锌 250kg，28 个电解槽串联成一个系列。通过此系列的电流为 9000A，系列的电压降为 96V。试计算：该电解槽的电流效率和电能效率分别为多少？

已知锌的电解反应为：

$$Zn^{2+} + H_2O = Zn + \frac{1}{2}O_2 + 2H^+$$

在生产条件下 $\Delta_r G_m = -384.38kJ/mol$，$\eta_{Zn} = 0.02V$，$\eta_{O_2} = 0.76V$（$M_{Zn} = 65.4kg/mol$）。

解：$Zn^{2+} + H_2O = Zn + \frac{1}{2}O_2 + 2H^+$，$\Delta_r G_m = -384.38kJ/mol$

（1）设在生产条件下，电解得到的锌为 xg，则 $x = \frac{9000 \times 65.4}{2 \times 96500} = 3.050g$

电流效率：$\eta^* = \frac{b}{qI\tau} \times 100\% = \frac{250 \times 1000}{3.050 \times 24 \times 3600} \times 100\% = 94.878\%$

（2）因为 $\Delta G=-zEF$，则 $E=\frac{-\Delta G}{ZF}=\frac{384.38\times 1000}{2\times 96500}=1.992\text{V}$

实际分解电压 $E_f=E+\eta_{Zn}+\eta_{O_2}=1.992+0.02+0.76=2.772\text{V}$

电能效率：$W'=\frac{I'\cdot E_f\cdot \tau}{I\cdot E_T\cdot \tau}\times 100\%=\frac{1}{\eta^*}\cdot\frac{E_f}{E_T}\times 100\%=\frac{1}{94.878\%}\times\frac{2.772\times 28}{96}\times 100\%$

$$W'=85.21\%$$

13-6 镍浸出液中含 Ni^{2+} 为 7g/L，含 Co^{3+} 为 2g/L，试计算：

（1）在 298K 时开始沉淀的 pH 值；

（2）镍钴水解分离的条件和限度；（一题多解）

（3）结果说明了什么？（假设活度系数为 1）

已知 $K_{SP[Co(OH)_3]}=3\times 10^{-41}$，$K_{SP[Ni(OH)_2]}=1.0\times 10^{-15}$。钴的相对原子质量为 58.93，镍的相对原子质量为 58.69，$K_W=1.0\times 10^{-14}$。

解：（1）Ni^{2+} 的水解反应：$Ni^{2+}+2OH^-=\!=\!=Ni(OH)_2$

其平衡 pH 值即为开始水解的 pH 值：

$$pH_{Ni^{2+}}=\frac{1}{2}\lg K_{SP[Ni(OH)_2]}-\lg K_W-\frac{1}{2}\lg a_{Ni^{2+}}$$

$$=-7.5+14+0.46$$

$$=6.96$$

Co^{3+} 的水解反应：　　$Co^{3+}+3OH^-=\!=\!=Co(OH)_3$

其平衡 pH 值即为开始水解的 pH 值：

$$pH_{Co^{3+}}=\frac{1}{3}\lg K_{SP[Co(OH)_3]}-\lg K_W-\frac{1}{3}\lg a_{Co^{3+}}$$

$$=-13.50+14+0.50$$

$$=1.0$$

（2）由上面计算看出：

镍钴分离的条件是：$1.0<pH<6.96$

分离限度：由 $pH_{Co^{3+}}=pH_{Ni^{2+}}$ 得：

$$\lg[Co^{3+}]=\lg K_{SP[Co(OH)_3]}-\frac{3}{2}\lg K_{SP[Ni(OH)_2]}+\frac{3}{2}\lg[w[Ni^{2+}]]$$

$[Co^{3+}]_{残}=4.12\times 10^{-20}$mol/L，相当于 2.43×10^{-18}g/L，所以除钴是彻底的。

（3）由上面计算可知，高价离子易水解，预用水解法分离，可将 Co^{2+} 氧化为 Co^{3+}。

13.4　测　试　题

13-1 什么是极化，请比较极化对原电池和电解池的影响。

答：平衡电极电势是当电极处于平衡状态，电极上无电流通过时的电极电势。而电极的极化则是电极上有电流通过时，随着电极上电流密度的增加，电极实际分解电势对平衡值的偏离越来越大，这种对平衡电势的偏离现象称为极化。

由于极化使电解池的外加电压增加，额外消耗了电能，因此，极化对电解池是不利的。极化会使原电池的作功能力下降，因此对原电池也是不利的。

13-2 试用产生极化的原因，解释阴极极化与阳极极化的特点。

答：阴极反应过程中，由于氧化态物质在电极表面的浓度小于溶液内部浓度，使电极电位小于或偏离平衡电位的情况，称为阴极极化。

同理阳极电极表面的浓度由于浓度大于溶液内部浓度，使电极电位大于平衡电位的情况，称为阳极极化。